超入門

生命起源の謎

著者　いけのり
監修　松井孝典
原案　所　源亮

はじめに

生命誕生「自然発生説」の真偽？

惑星・彗星探査をはじめとした宇宙科学技術の進展や、ゲノム解析による生物の遺伝情報の解明などによって、生命の起源の常識が、今ガラリと変わろうとしています。

現在、最初の生命は、今から38億年前この地球上で、「原始スープ」と呼ばれる無機物の寄せ集め状態から、摩訶不思議な過程を経て生まれてきたと信じられています……が、

「ソレ、本当かい!?」

というわけで、本書では、超注目の研究分野であるアストロバイオロジーを基に、生命の宇宙起源説の中でも最有力説である「彗星パンスペルミア説」と、ダーウィン進化論の先を行く驚きの進化論である「ウイルス進化論」についてゆるく解説します。

私たち（生命）の起源は地球ではなく宇宙にあり、私たちの進化は宇宙から地球に降りそそいでいるウイルスによってもたらされたというのが、本書のポイントです。えっ？　だいぶ驚き!?

５年後にはこれらの説は小学生でも知っている当たり前の話、常識になっていることでしょう。

「宇宙人」と言うと、我々は地球外にその存在を求めてしまいますが、なんとなんと我々自身が宇宙をさまよい、地球を仮の宿に利用させてもらっている宇宙人なのです。

本書を読み終わった頃には、皆さんの中にもきっと宇宙人としての自覚が芽生えてくることでしょう。

では、一緒に生命の起源を探る旅に出発しましょう！

いけのり

超入門
生命起源の謎
contents

Chapter 1
地球と宇宙の大疑問

Chapter ❷

生命は地球で誕生したのか？

生命の根源は宇宙にあるのか

Chapter 4

過酷な環境の中で生きる生物はたくさんいる

Chapter 5

宇宙から降りそそいでいる様々な生物

デザイン・編集制作・DTP：株式会社レクスプレス
カバーデザイン&本文フォーマット：シモサコグラフィック

地球と宇宙の大疑問

Chapter 1

チャプター1では、生命起源の謎に迫る前に、前提となる地球と宇宙の一般的な知識についてお伝えします。宇宙の大きなスケールを感じると、私たちは小さな存在であることがわかります。科学が進んで、宇宙へ意識をはせることができるこの時代は、なんて素晴らしいのでしょう。

宇宙はまったくの真空ではない

宇宙惑星間空間はどのようになっているのか？

宇宙飛行士がゴッツイ宇宙服を着て、宇宙船の外で活動を行っている様子を見たことがありますか？

そう、宇宙惑星間空間は宇宙服なしには生きていけない過酷な環境です。宇宙をテーマとした映画などでは、宇宙飛行士が宇宙空間に放り出されて、あの世にいってしまうようなことがしばしば起こりますが、それでは宇宙空間というのはどんだけぇ～過酷なのでしょうか。下の表に簡単にまとめました。

ちなみに、宇宙惑星間空間は真空と思われていますが、実はまったくの真空ではなく真空に近い状態だそうです。また、宇宙放射線による重篤な影響とは、DNA結合の損傷、白血病やガン、代謝異常などです。

過酷な宇宙空間

空気
ない
気温
－270度
気圧
ゼロ。真空に近い
重力
ない。無重力状態
太陽光線
超強力
宇宙放射線
人体に重篤な影響をおよぼす高エネルギーのX線やガンマ線等の電磁波、陽子線、中性子線、電子線、アルファ線、重粒子線等の有害なものが飛び交う

気温
−270度
気圧
ゼロ
宇宙放射線
X線など
多数

宇宙までの距離は案外近い

宇宙と地球の境はどこ？

地球と宇宙惑星間空間の間には、壁のような明確な境界が存在するわけではありませんが、空を見上げて宇宙のことを思うとき、いったいどこまでが地球で、どこからが宇宙なのかを考えることはありませんか？

地球は、対流圏・成層圏・中間圏・熱圏と呼ばれる4つの大気の層に覆われています（地表からの高さは左ページ参照）。一般的には、これをまとめて大気圏と呼んでいます。

地球と宇宙の境界はどこかと聞かれると、この大気圏の最も外側にある熱圏を境に、すなわち高度800キロメートルのところからが、宇宙惑星間空間なのではないかと考えている人が多いのですが、実はそうではありません。

国際航空連盟（FAI）の定義によると、地表から100キロメートル以上が宇宙と定義されています。中間圏が80キロメートルなので、そのちょっと上です。

ええ、ええ、大気圏の中から宇宙は始まっているのです。100キロメートルというと、東京都庁と富士山の頂上を直線で結んだくらいの距離です。宇宙惑星間空間までの距離って、案外短いのですね。

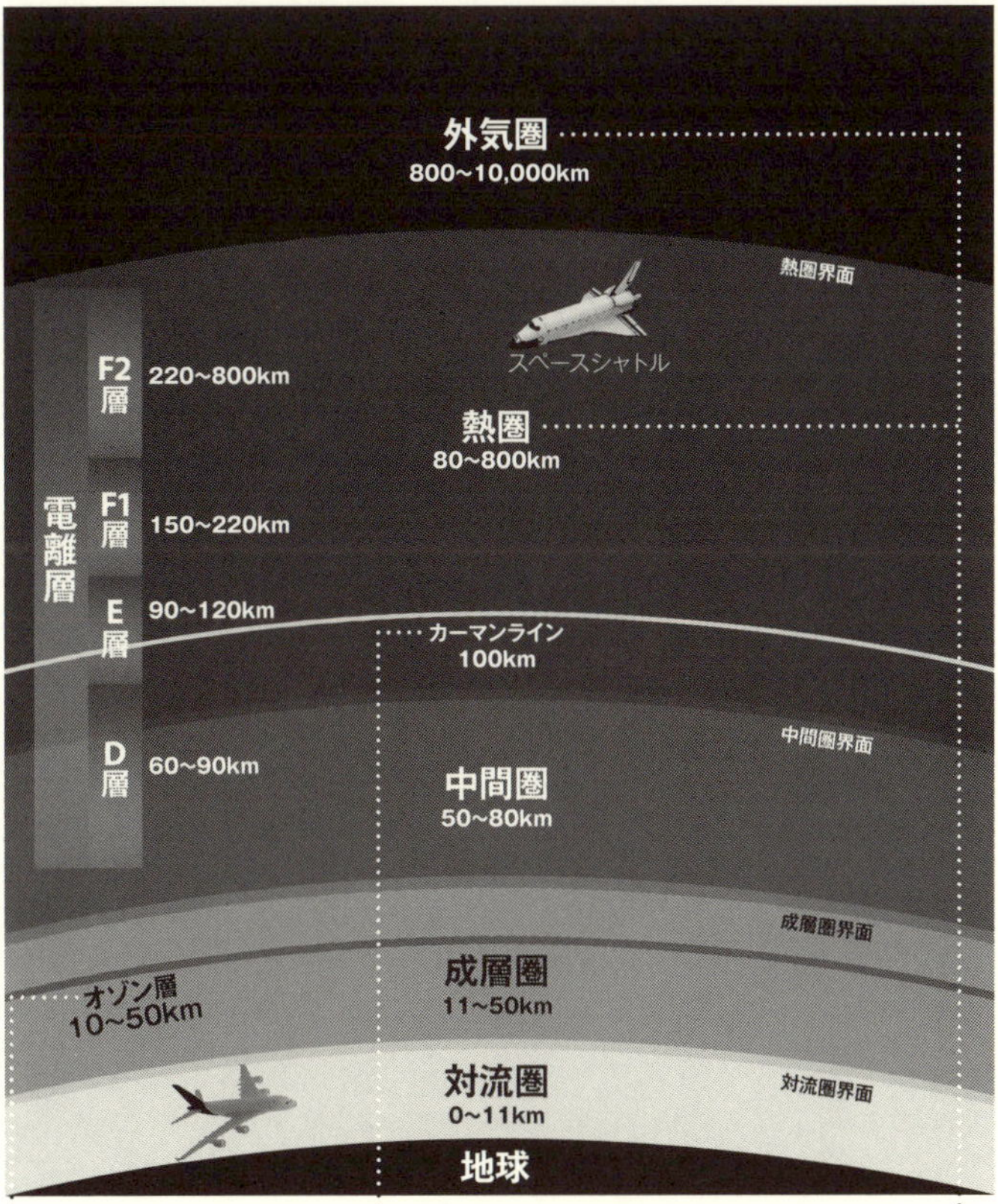

カーマンラインというのは、国際航空連盟が定めた仮想ラインで、海抜100kmにある。この仮想ラインから上が宇宙空間で、大気圏はカーマンラインまで。

オゾン層は成層圏の中の約10～50kmくらいのところに存在し、1気圧に換算すると3mmくらいの厚さ。オゾン層は太陽からの有害な紫外線を吸収して、地球上の生態系を保護している。

熱圏と**外気圏**の温度が高いのは、大気の組成が空気と違い、窒素原子・酸素原子で存在しているために、太陽の紫外線やX線を吸収して高温になるため。

地球の自転速度は時速約1700キロメートル

今も猛スピードで動いている地球

新幹線や飛行機に乗っているとき、乗り物はすごいスピードで移動しているにもかかわらず、車内ではまったくスピードを感じません。これと同じように、実は地球も我々が意識をしていないだけで、今この瞬間も猛スピードで自転と公転をしています。

どのくらいの猛スピードかと言うと、自転は時速約1700キロメートル、公転は時速約10万8000キロメートルという信じられないスピードです。

国内の新幹線の最速が時速320キロメートルほどなので、比較してみるとどれだけ速いかがわかりますね。

というか、我々が属している太陽系自体も、なんと時速約86万4000キロメートルで移動しているのです。これは秒速にすると約240キロメートルというとんでもない速さです。

また、太陽系が属している天の川銀河自体も、猛スピードで宇宙空間を移動していると考えられていて、私たちは知らない間にものすごい距離を移動していることになります。

何だかわけがわからなくなりそうですが、これってすごいことですよね。

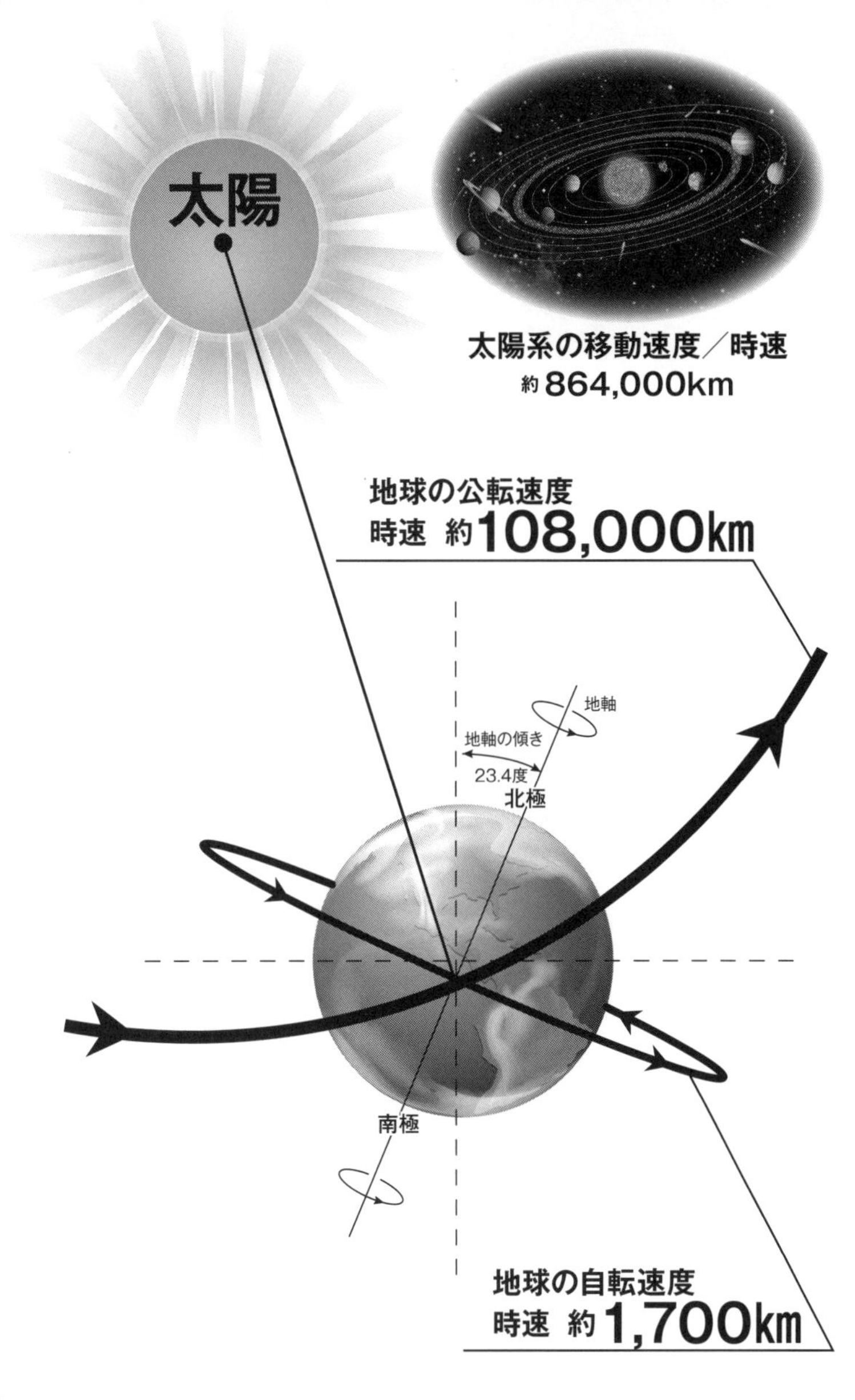

太陽
太陽系の移動速度／時速
約 864,000km
地球の公転速度
時速 約108,000km
地軸
地軸の傾き
23.4度
北極
南極
地球の自転速度
時速 約1,700km

●月はジャイアント・インパクトで生まれた？

月は地球の子ども？

満月に三日月。夜空に月を見つけるとなんだかロマンチックでうれしい気持ちになるのは私だけでしょうか。

月は約27日と7時間をかけて地球の周りを公転している唯一の衛星です。ちなみに、月がつねに同じ面しか地球から見えないのには理由があります。これは月の自転周期と公転周期とが等しいために、地球に対して同じ面を向けているように見えるからなのです。

えっ？ よくわからない？ つまりですね、月が地球の周りを一周する間にちょうどよく自分自身でも一周しているので、こちらからは同じ面しか見えないのです。

ちなみに、月の誕生の仕方には諸説ありますが、今、最も有力な説が「ジャイアント・インパクト説（巨大衝突説）」と呼ばれる説です。これは太古の地球に巨大な星（火星と同じくらいの大きさと推測されている）が衝突した際に飛び出した地球の破片たちと、衝突してきた星のかけらがくっついてできたというものです。

ええ、ええ、月は地球の子どもかもしれないんですね。何だかますます月が好きになってしまいますね。

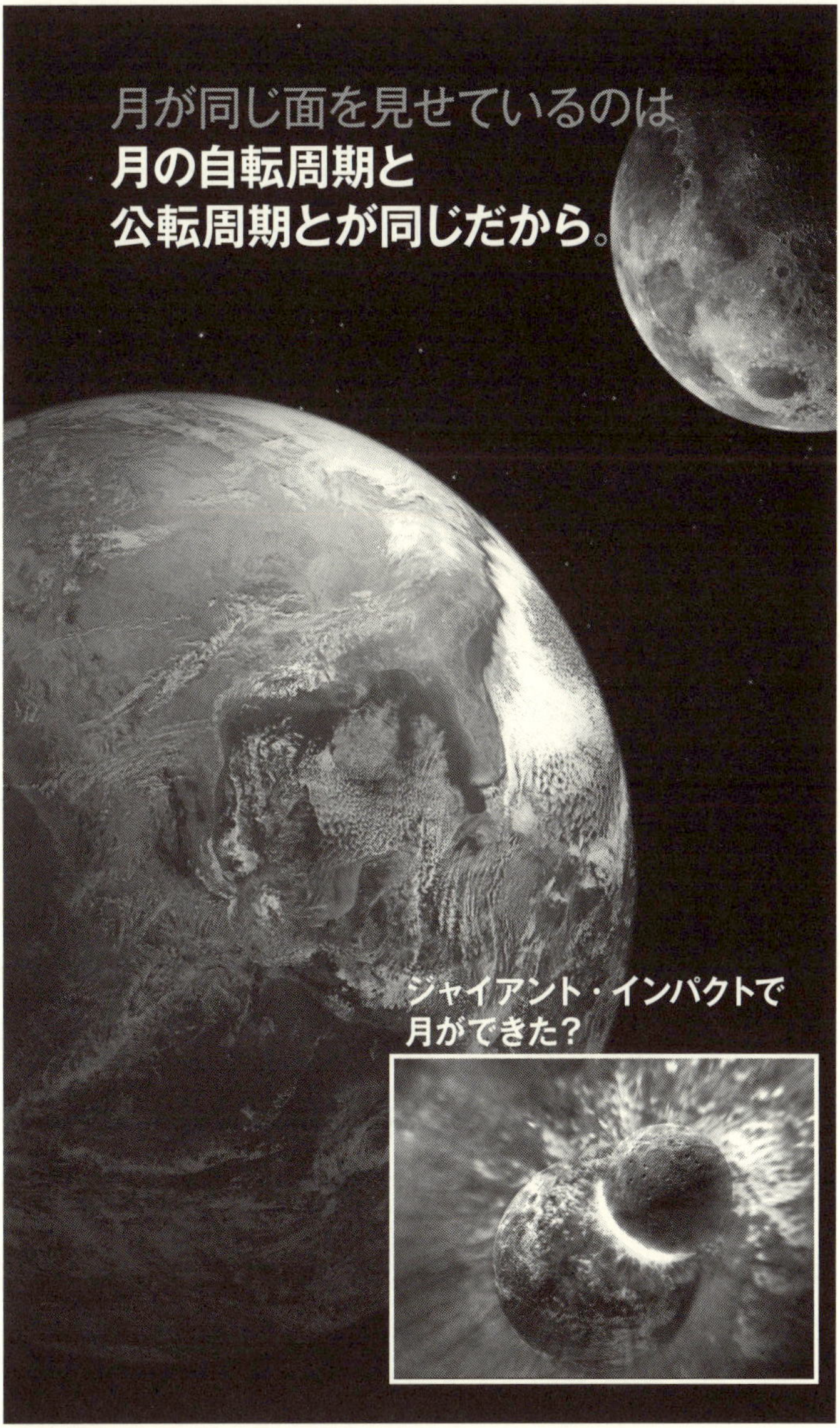
月が同じ面を見せているのは
月の自転周期と
公転周期とが同じだから。
ジャイアント・インパクトで
月ができた？

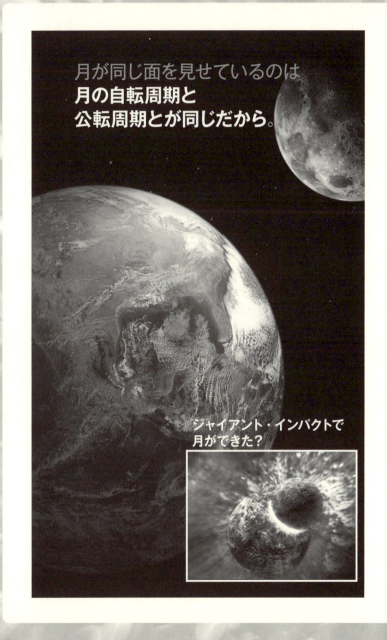

とてつもなく広い私たちの宇宙

太陽系の大きさってどれくらい？

太陽系とは、水星・金星・地球・火星・木星・土星・天王星・海王星という8つの惑星と、その周囲を回る衛星、準惑星、小惑星、彗星といった天体で構成されている、天の川銀河に属する天体集団です。皆さんは、この太陽系の大きさ（太陽を中心とした直径）をご存知でしょうか？

太陽系の直径は１光年とされています。１光年とは光が１年間で進む距離のことです。なんて言われてもピンと来ないと思うので、身近な単位であるキロメートルに換算すると、太陽系の大きさは、９兆４６０７億３０４７万２５８０キロメートルとなります。ノリで換算してみたのですが、ますますよくわからないことになってしまいました。ここまでくると、キロメートルに換算したところで、まったく意味がありませんね。

ちなみに、地球1周は約4万キロメートル。以前、航空会社のニュースで、累積の飛行距離が１０００万マイル（約１６１０万キロメートル）を達成し表彰されている殿方の記事を読んで驚いたことがありますが、太陽系の大きさと比べたら、かなり小さい話ですね。

太陽系の大きさ

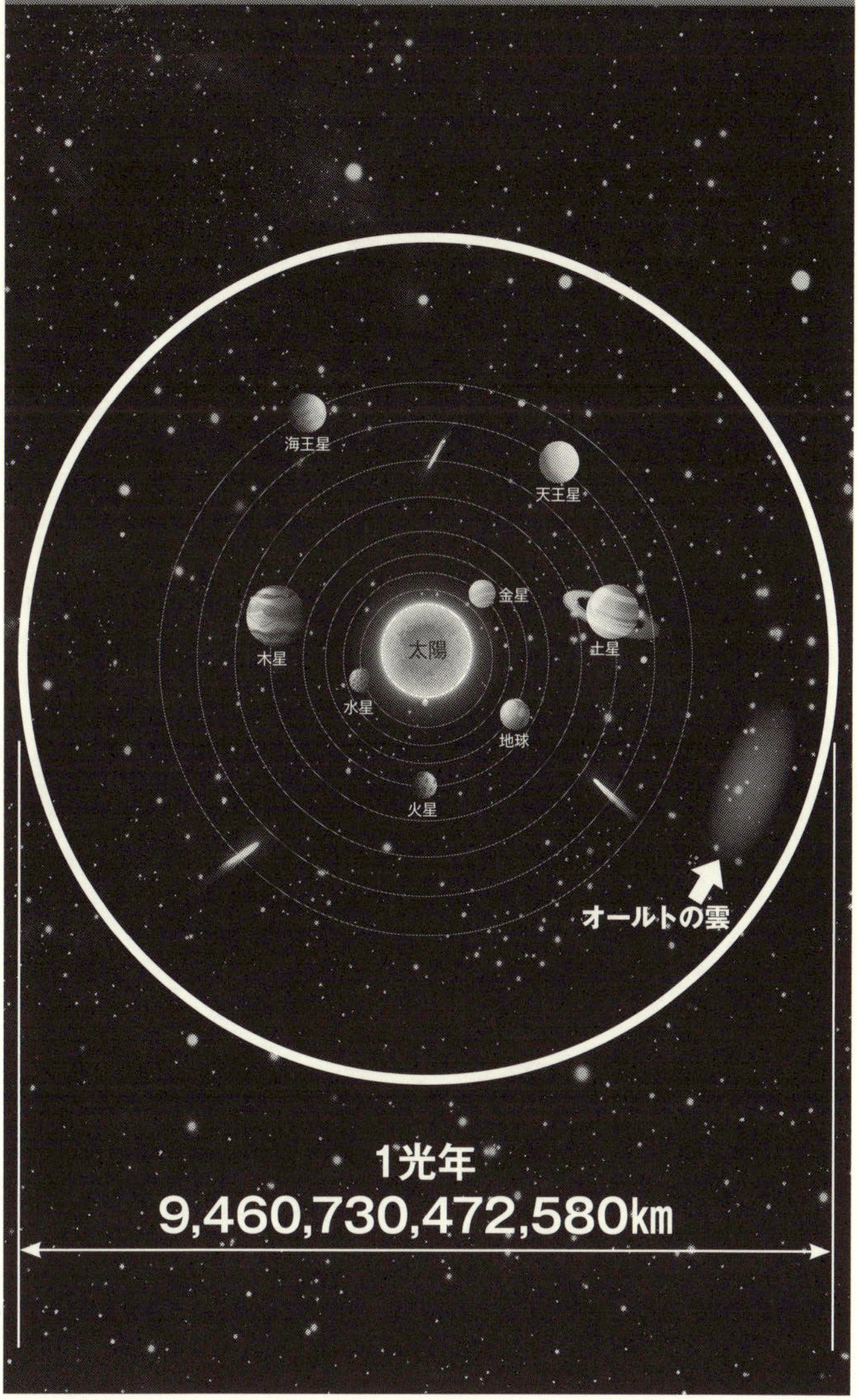

生き物は宇宙空間で生存可能か？

宇宙空間に出たら人間は爆発してしまう？

宇宙空間に宇宙服を着用しない状態で投げ出されたら、人間はどうなるのか？　よく言われるのが、眼球が飛び出したり、ってゆうか、一瞬で爆発したり、血液が沸騰したり、瞬間凍結したりといった恐ろしい状態ですが、実はどれもはずれているそうです。

最初のほうでもチョロっと書いた通り、誤って宇宙空間に投げ出されたとしても、30秒までなら後遺症が残ることもなく生きられると考えられています。ただし、息ができないので、1～2分ほどで死んでしまうだろうと予測されています。これはNASA（アメリカ航空宇宙局）の公式見解。ちなみにこれまでに、誤って生身で宇宙空間に出てしまった宇宙飛行士はいません。

ついでですので、宇宙で人間を過酷な環境から守ってくれる宇宙服についてもちょっと触れておきましょう。宇宙服の重さは平均120キログラムほど。ガッチリしていて、服というよりはむしろ人型の小部屋のような感じです。そして驚いたことに宇宙服のお値段は、JAXA（宇宙航空研究開発機構）の公式ページの情報によると、なんと1体10億円くらいするそうです。

宇宙服の値段と重量

生命は地球で誕生したのか？

Chapter 2

チャプター２では、生命の起源についての諸説を取り上げます。生命とは何かから始まり、長い間議論されてきましたが、ここ１００年あまりはダーウィンの進化説を中心に、地球起源説が主流になってきています。そこにいたるまでの流れから、現代の最先端に触れていきます。

生命の定義には3つある

そもそも生命とは何か？

「生命とは何か？」を考え始めると、結構大変なことになります。皆さんは生命を定義できますか？　生命とは何かを説明できますか？「できる！」という方は実はすごい方です。なぜなら、現時点で「生命とは何か？」の定義自体、生物学者の間でも定まっていないくらい曖昧な状態であるからです。一説によると、これまでに200も300も定義がある（あった）そうです。息をするとか、動くとか、進化するとか。中には、「生命は、見ればわかる」なんて乱暴過ぎるものも。そりゃそうなんですけどね。そんな中、現在落としどころとされている生命（生物）の定義は、次の3つです。

生命（生物）の定義（あえて言うと）

①外界と自分を隔てる膜がある
②自己を複製・増殖する
③代謝する

代謝するとは物質を出入りさせてエネルギーを作ること。簡単に言うと呼吸をしたり、ご飯を食べて便を排出したりすることですね。あ、あとは念のため追記しておきますと、4つ目の定義として「変化・進化・遺伝する」を挙げる研究者もいるそうです。

4つの「生命の定義」

生命の定義①

外界と自分を隔てる膜がある

皮膚や細胞膜など、殻などで外部と区別があること。

正常細胞

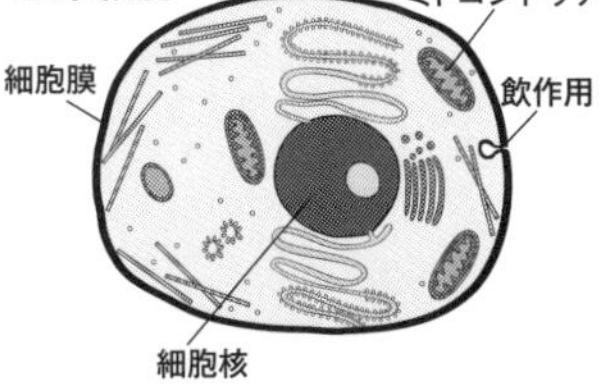
ミトコンドリア
細胞膜
飲作用
細胞核

HeLa がん細胞の細胞分裂

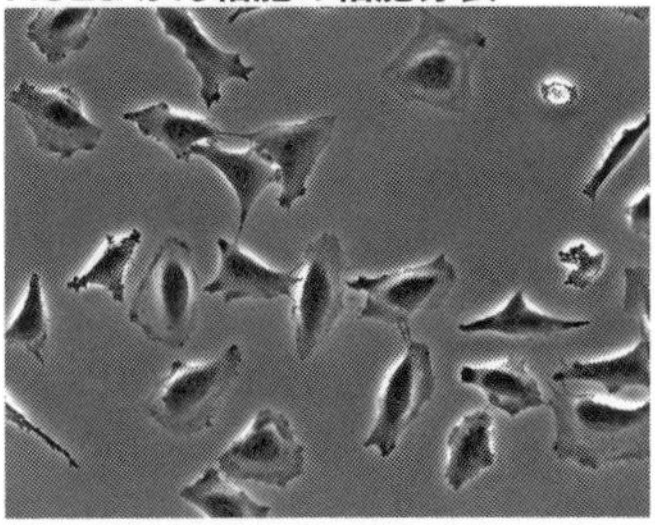

生命の定義②

自己複製・自己増殖

DNA の複製や細胞分裂で増えて次世代を生みだしていく。

細胞の代謝

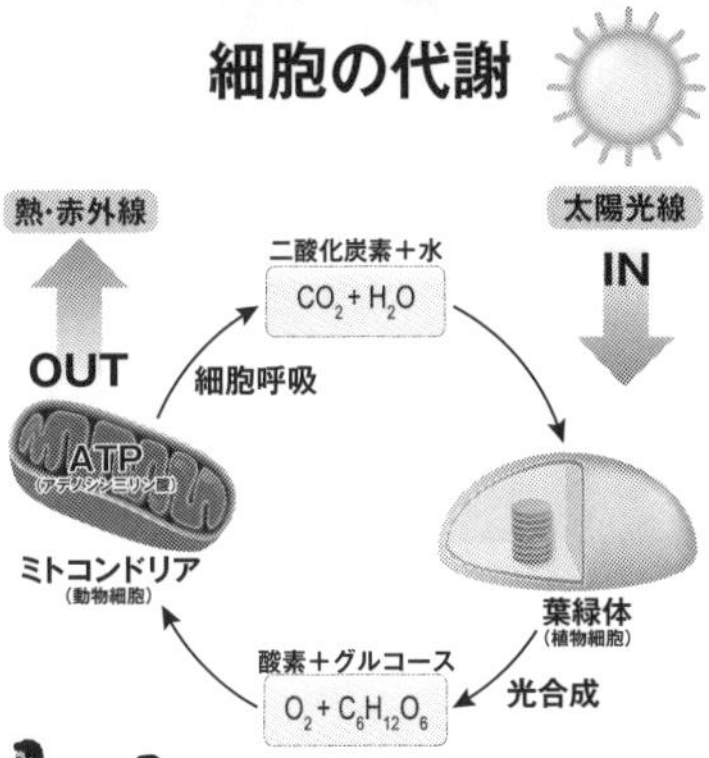
熱・赤外線
太陽光線
二酸化炭素＋水
CO_2+H_2O
IN
OUT
細胞呼吸
ATP
ミトコンドリア
(動物細胞)
葉緑体
(植物細胞)
酸素＋グルコース
$O_2+C_6H_{12}O_6$
光合成

生命の定義③

代謝

植物の光合成も人の細胞の代謝も、生きているものすべては、代謝によってエネルギーを作っている。

生命の定義④

変化・進化・遺伝

変化・進化・遺伝も生命を定義する上で大切な要素になる。

細菌とウイルスは何が違う

細菌は生物でウイルスは非生物!?

さてここで問題です。細菌やウイルスは生物でしょうか？　非生物でしょうか？　前出の定義にのっとると、細菌は生物でウイルスは非生物ということになりますが、あの自らウヨウヨ動くイメージのあるウイルスが生物じゃない？　ちょっとなんか変な感じがします。

そもそも生命（生物）の定義がきちんとなされていないのに、生物も非生物もないような……というか、細菌とウイルスがごっちゃになっている方はいませんか？　ついでなので、ここで細菌とウイルスの違いについて触れておきましょう。

細菌

生物。原核細胞を持つ単細胞の微生物です。自力で代謝をして増殖できます。細菌とバクテリアは同じ意味です。大きさは、1～2ミクロン*ほどです。

ウイルス

一般的には非生物とされますが、前ページの生命（生物）の定義の①②を満たすのではぼほぼ生物的な存在のような……。がしかし、

4つのバクテリオファージは細菌を殺す

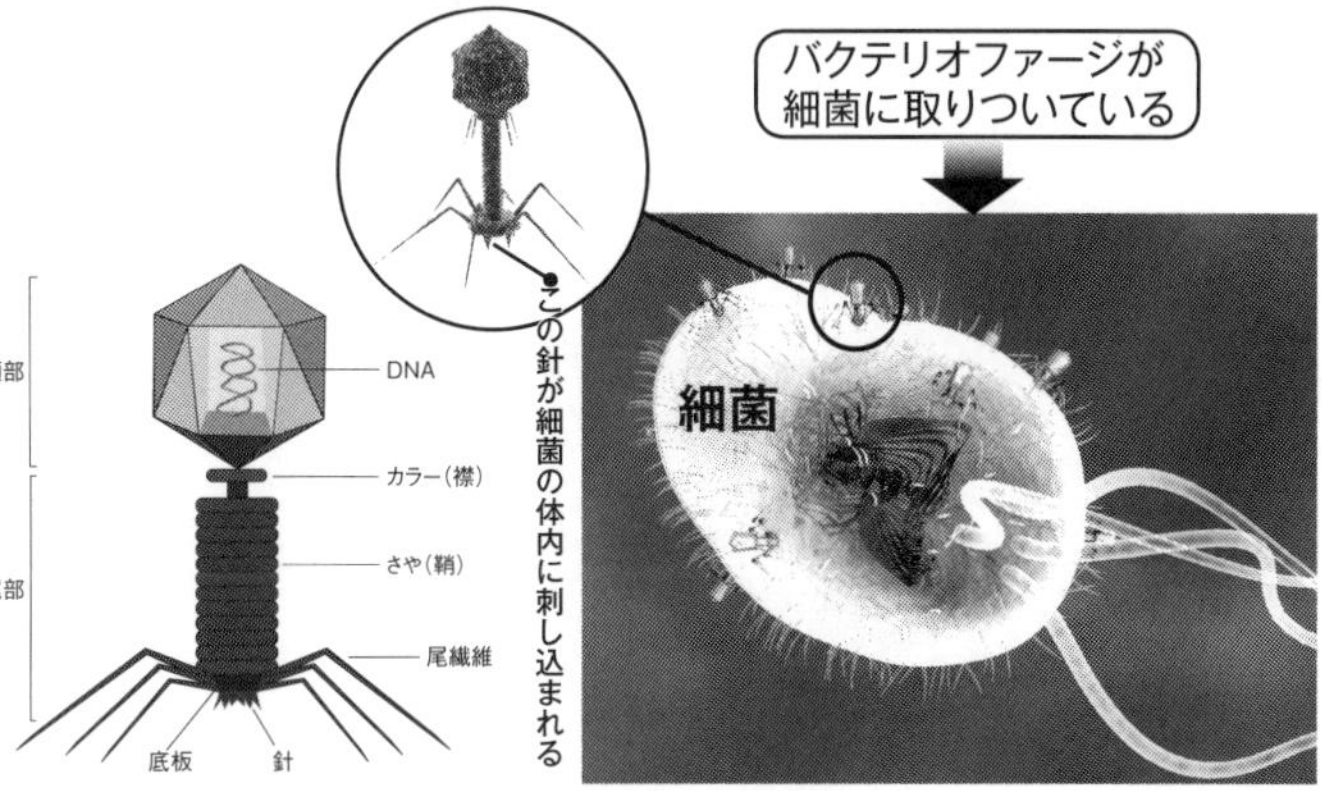

ウイルスは、「大きさは細菌の100分の1ほどでかなり小さい」「自己繁殖できない」「一般に細胞に侵入して増殖する」というのが特徴。

単独では複製できず、他の生物（宿主となる生きた細胞）に感染し、その細胞内の代謝機構を乗っ取って増殖します。DNA*かRNAを持っています。大きさは、20〜40ナノメートルほどで、ほとんどのウイルスは電子顕微鏡でのみ見ることができます。

また、ウイルスは動植物だけでなく細菌にもウイルスにも感染することができます。細菌に感染するウイルスをバクテリオファージと言い、まるで宇宙探査機のような不思議な形をしています。

＊ミクロン：1ミクロンは1ミリメートルの1000分の1。1ミクロンの1000分の1が1ナノメートルです。
＊DNA（デオキシリボ核酸）、RNA（リボ核酸）：遺伝情報を持つ物質のこと。
＊細菌並みのサイズのウイルス（ミミウイルスなど）も発見されています。

一番最初の生命が生まれる確率とは?

最初の生命はどこでどうやって生まれたのでしょうか。これについては、現在の科学技術をもってしても解明されておらず、いまだに激しい論争が続いています（詳しくは32ページ以降参照）。

生命がゼロから誕生することが、どれだけ大変なことなのか……有名な天文学者であり、ＳＦ小説作家で、「ビッグバン」の名付け親としても有名なサー・フレッド・ホイル博士（１９１５年～２００１年）は、生命が誕生する確率を次のように表現しています。

「廃材置き場の上を竜巻が通過した後で、ボーイング７４７ジェット機が出来上がっているのと同じような確率である」

想像してみてください。そんなことはありえないですよね。ｉＰｈｏｎｅだってできないですよ。ええ、ええ、すなわち、ほとんどゼロということです。生命の誕生は、もう奇跡レベルなのです。そして、その奇跡レベルの確率は、生命*一個を作るのに必要なアミノ酸の数から算出されるのですが、これを数字で表すと次のようになります。

10^{40000} 分の1

生命が誕生する確率はゴミの山に、竜巻が通過した後にジャンボジェット機ができるようなもの

ちなみに、10^8で1億です。なので、10^{40000}は1億を5000回かけたものになります。これを見ると、1億ってたいしたことない数ですね。

＊生命を1つ作るためには、酵素が最低でも2000個必要で、この酵素1つを作るのに、20個のアミノ酸の中から正しいアミノ酸を少なくとも15か所の位置に正しく並べる必要があり、それがランダムな状態で正しく並ぶ確率を出すとこうなります。
酵素とは、生物の細胞内で起こる化学反応（消化とか呼吸とか）の触媒の役割を果たす、あらゆる生体の中で生命の営みに不可欠の存在です。タンパク質なのでアミノ酸で作られています。

①生命誕生「地球起源説」

生命は地球で誕生した

我々（生命）は、このかけがえのない素晴らしい水の惑星である地球で誕生し、長い歳月をかけて脈々とその種類と数を増やしてきたと信じられてきました。生物界の頂点に君臨している人間も（頂点って人間が勝手にそう思っているだけですが）、その他の生物もみんな地球で誕生し進化してきた生命。そしてこの地球は、この広い宇宙内で唯一生命がいるとても特別な存在である――これが世間一般の常識でした。

生命は、約30億〜40億年前、地球内に存在していた有機化合物が寄せ集まってモジャモジャしているうちに化学反応が起こり、何だかよくわからないけど地球上で誕生した……これを生命の「地球起源説」と言います。地球起源説の中でも有力視されている生命の誕生場所は、太古の地球に存在した深海底の熱水噴出孔の周辺や、火山の火口付近の熱湯の温泉などです。これらの付近の熱水には、鉄や硫黄といった鉱物が豊富に含まれており、メタンや硫化水素などのガスも噴き出しているため、こういったものが生命の誕生に必要なエネルギーと栄養をもたらしたと考えられています。

熱水噴出口付近で生命が誕生

温泉が噴出している付近の熱水には、鉄、硫黄が含まれており、メタン、硫化水素などが吹き出ていて、それらが生命誕生に必要なエネルギーになったと考えられている。

②生命誕生「宇宙起源説」

生命は宇宙からやって来る

生命が地球で誕生した「地球起源説」に対して、生命が宇宙で誕生したという説を「宇宙起源説」と言います。そして、宇宙のどこかで誕生した生命が宇宙に満ち溢れ、彗星によって地球に到達したという説を「彗星パンスペルミア説」と言います。

詳しくは本書のチャプター3「生命の根源は宇宙にあるのか」で解説しますが、この、生命は宇宙で誕生し拡散しているのではないかという説の支持が、宇宙観測の発展によって広がってきています。

この「宇宙起源説」を基礎とするようになると、これまで常識とされてきた様々なことがひっくり返ります。例えば、宇宙誕生から生命誕生までの順番などもこれまでの常識とは異なったものになるかもしれません。現在は、次ページの年表のように考えられていますが、もしかしたら正しい誕生の順番は、

宇宙→銀河系→太陽系→地球→生命

かもしれません。そう、宇宙の誕生のすぐ後や、宇宙の誕生とともに生命が誕生したという考え方もできるのです。

生命誕生の常識的な年表

138億年前（±2億年）
宇宙の誕生　ビッグバン

120億年前～130億年前
銀河系の誕生

45億年前
太陽・地球の誕生

40億年前（±2億年）
生命の誕生

③生命誕生「自然発生説」

生命はその辺から生まれる

さて、昔々、生命は地球上の何もないところから、ふわっと生まれてくると信じられていました。そういったことが考えられるようになった紀元前当時は、実験によって事象を検証するという近代科学ではなく、自然現象の観察によって結論を導き出していたため、このようなおかしげな考えが普通だったのです。確かにその辺の湿った土を家に持ち帰り、小瓶か何かに入れておけば、コバエなどが勝手に湧いてくることでしょう。

かの有名な哲学者、アリストテレス（BC384年～BC322年）は、「生命は地球上の池（クニドス近くの池）で自然発生した」と言い切っており、このふわふわした一言が「自然発生説」として後世までずっと残ることになります。

なぜ、アリストテレスの一言がそこまで力を持つことになったかというと、彼は、泣く子も黙る哲学者ソクラテスの弟子だったプラトンの弟子であり、当時の権力者マケドニア王の家庭教師までしていたため、誰も彼の言うことに盾突けなかったのです。まあ、今も昔も人間界って、そんなもんなんですね……切ないですね。

生命は自然発生した!?

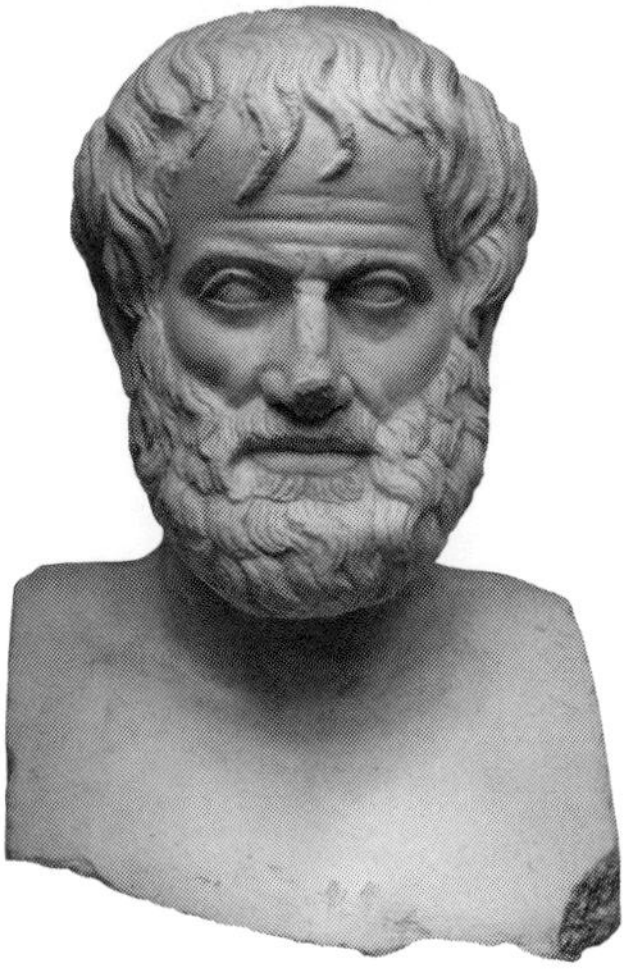

アリストテレスは「生命は自然発生した」と言った。

アリストテレスは紀元前4世紀頃、生物はどこから生まれるのかを知るため、さまざまな生物を観察。

それをまとめた『動物誌』、『動物発生論』には、動物は自然発生するものと書かれている。

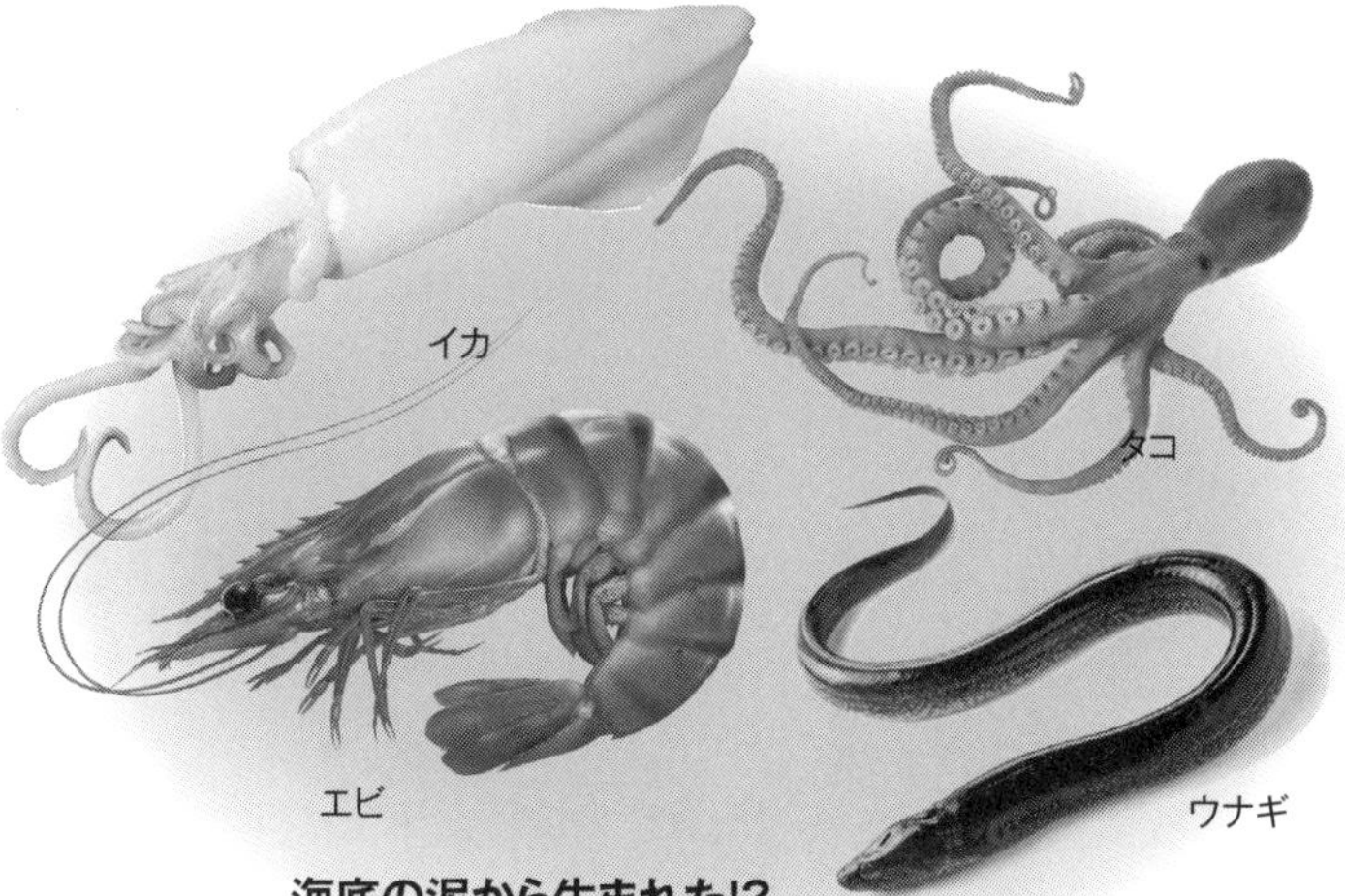

海底の泥から生まれた!?

ミツバチやホタルは草の露から生まれ、イカやエビ、タコ、ウナギは海底の泥から生まれると言った。

④生命誕生「自然発生説」の否定

パスツールによる自然発生説の否定

17世紀の後半に入った頃、「自然発生説ってておかしくね?」という動きが活発化しました。しかし、自然発生説を完全証明するにも完全否定するにも至らず、大人の学者たちの喧嘩が続いていていました。

そんななか、完全否定に成功したのが、「白鳥の首フラスコ実験」(1861年)で有名なルイ・パスツール博士(1822年~1895年)です。

博士は、微生物が入ることができない白鳥の首のようなS字管のついたフラスコを使い、フラスコに肉汁を入れて煮沸し放置しました。その後、もし自然発生説が正しいのならば、フラスコの中で微生物が発生するはずですが、何も発生しませんでした。

パスツール博士の実験で微生物が自然に発生することはない、すなわち、「生命は生命からのみ生まれる(*Omne vivum ex vivo*)」ことが証明され、生物の自然発生説は完全に否定されました。

ええ、ええ、なるほど~という感じですね。パスツール博士、天才! 最高!

パスツールの「白鳥の首フラスコ実験」

ルイ・パスツール (Louis Pasteur)
フランスの生化学者・細菌学者で、発酵の研究、パスチャライゼーション(低温殺菌法)やワクチンの予防接種を開発。

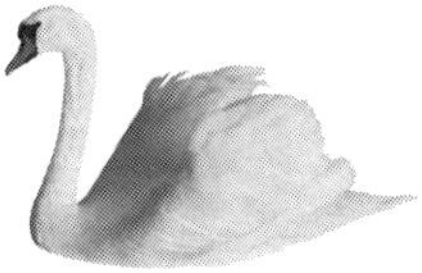

フラスコの管が白鳥の首のように曲がっている。

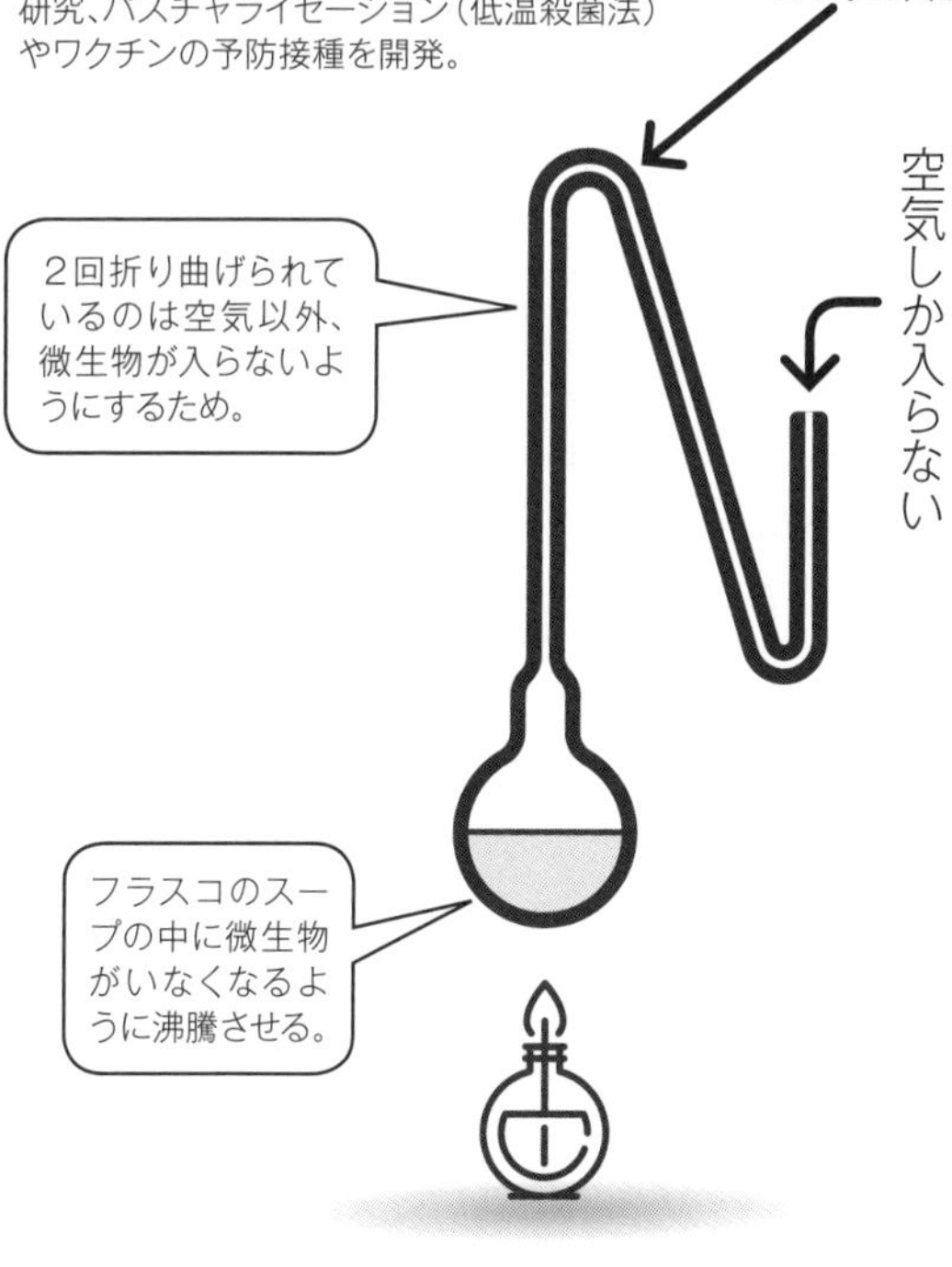
空気しか入らない
2回折り曲げられているのは空気以外、微生物が入らないようにするため。
フラスコのスープの中に微生物がいなくなるように沸騰させる。

⑤生命誕生「化学進化説」

物質から生命は誕生するのか？

「自然発生説」が完全否定された後に出てきたのが、「最初の生命は、地球の大気や海にある単純な分子がぶつかって化学変化を起こし、少しずつ複雑な分子になっていって、あるとき、分子が集まり誕生した」とする説です。

このように、化学反応によって単純な分子が生命を誕生させたという考え方を「化学進化説」と言います。

1953年には、スタンリー・ミラー博士とハロルド・ユーリー博士が、フラスコの中にアンモニア、メタン、水素を入れ、その中で放電をし、アミノ酸などを作り出す実験を行った。1週間放電を続けたところ、20種あるアミノ酸のうちの7種ができました。ところが、その後の研究によって原始地球の大気は二酸化炭素、一酸化炭素、窒素と水蒸気（実験で用いたアンモニア、メタンと水素でなく）であることが判明した（本書の監修者でもある松井孝典氏と阿部豊氏による理論）。

ええ、ええ、実験でのフラスコ内の環境は、原始地球の環境とぜんぜん違ったのですね。言葉を選ばずに言うと、ミラーの実験は、「間違っている材料を使い、間違っている状況下で、間違っている結論を出した」という何もかもが間違いだらけの実験だったのです。

この実験の成果を敢えて挙げるとしたら、「無機物から有機物はできるけど、生命のような複雑な有機物が自然に生じることはほぼ不可能」ということが分かったことかもしれません。化学進化説は後退しています。

ミラーの実験

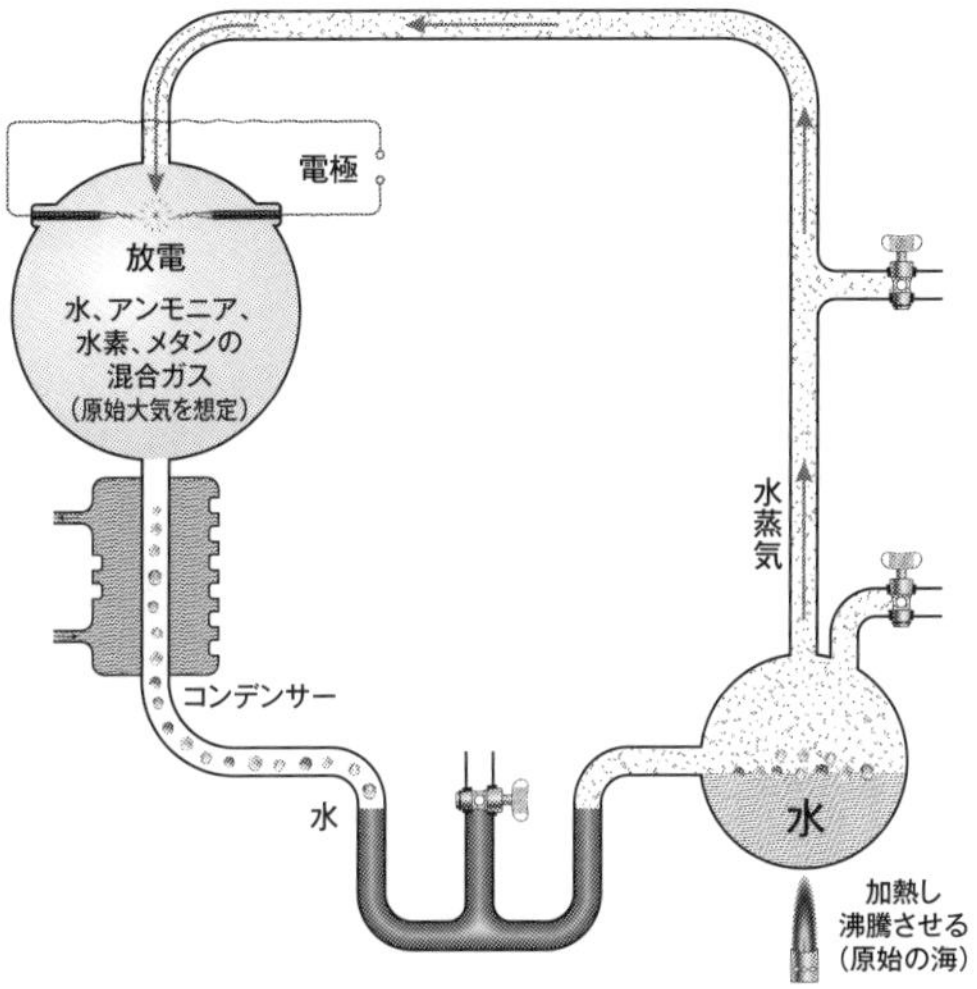

１９５３年にスタンリー・ミラーがシカゴ大学大学院生のときに行った実験。地球上で最初の生命が発生した環境を再現した。化学物質の組み合わせで、生物の素材になる成分ができるかを調べた。

今注目を集めている研究分野

「アストロバイオロジー」とは？

アストロバイオロジー。なんか響きがかっこいいですよね。これは元々ＮＡＳＡの造語で、日本語では「宇宙生物学」と表されます。宇宙を意味する「アストロ」と生物学（生命学）を意味する「バイオロジー」とを掛け合わせて作られた用語です。

ＮＡＳＡの定義によると「宇宙における生命の起源、進化、分布および、未来を研究する学問」であり、天文学・分子生物学・微生物生態学・生化学・地球化学・物理学・地質学・惑星科学といった多種多様な分野から研究者が参入し、近年ますます人気が高まっている研究分野です。ちなみに、ＮＡＳＡだけでなくＪＡＸＡのサイトにも、アストロバイオロジーに関するコンテンツが存在し、次のチャプターから説明するパンスペルミア説の説明もちゃんとあります。

生命の材料はどこからきたか

（中略）宇宙から飛来する隕石にアミノ酸の原料となる有機物*が発見され、彗星中にも有機物が存在することから、生命の素となるアミノ酸は宇宙から運ばれてきたという説があります。これを「パンスペルミア仮説」といいます。（ＪＡＸＡのサイトから引用）

＊アミノ酸もたくさん見つかっています。

アストロバイオロジー 宇宙生物学

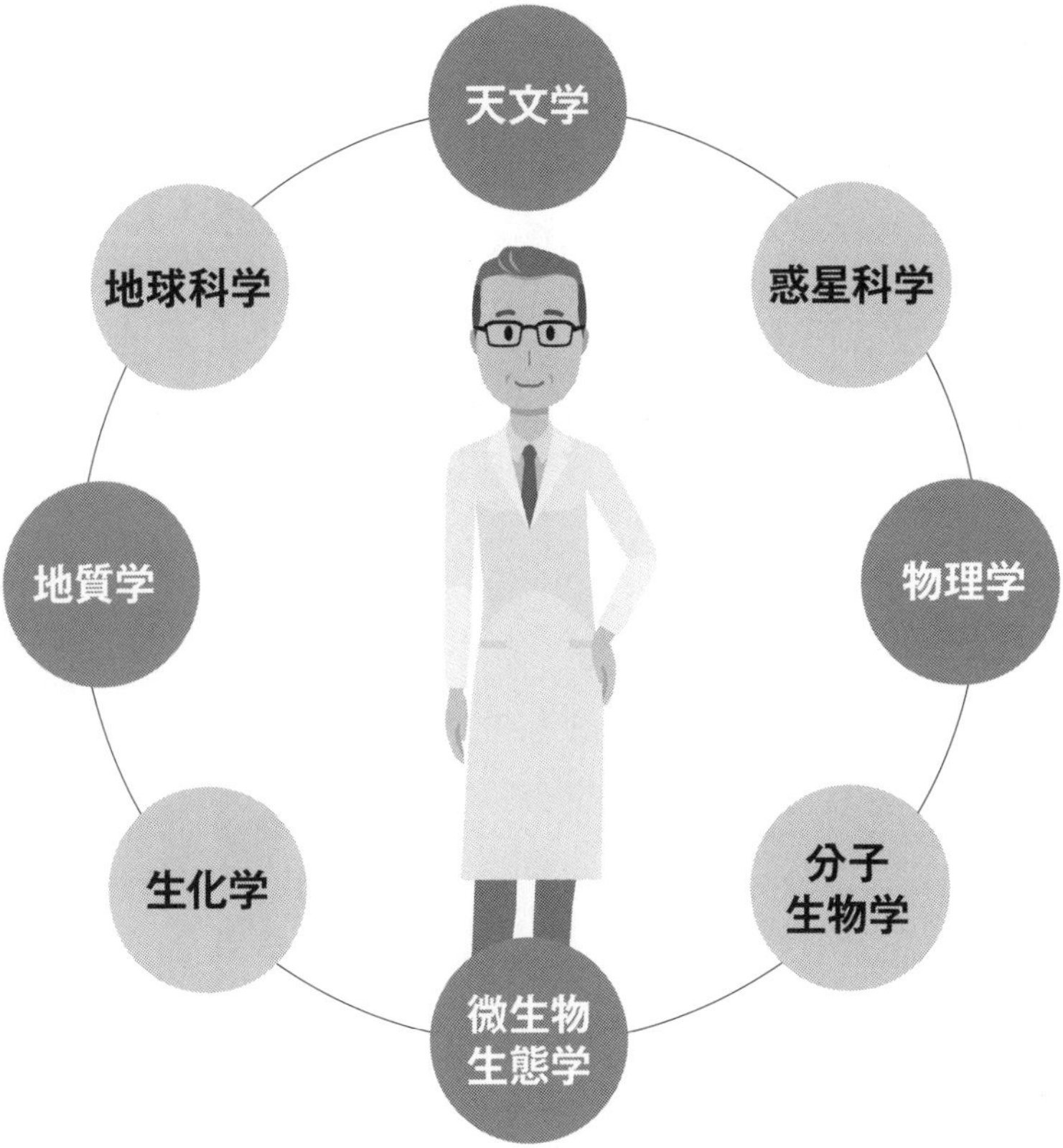

最近人気が高まっている研究分野。
さまざまな分野のスペシャリストが参入している。

生命の根源は宇宙にあるのか

Chapter 3

チャプター3では、いよいよ本書の大きなテーマであるパンスペルミア説を取り上げます。私たちの生命のルーツが宇宙にあり、それがいかにして地球にたどり着いたのか。最先端の発見を交えながら、解説していきます。人類が宇宙に出て行くにも、この前提は重要なポイントです。

私たちは宇宙人なのか？

生命は宇宙から来た！「パンスペルミア説」

パンスペルミア説は有力な宇宙起源説の一つです。Ｐａｎ（汎）＋Ｓｐｅｒｍｉａ（胚種）という二つの単語から構成されています。パン（汎）は「広く行き渡ること」を意味します。世界的な伝染病のことをパンデミックと言いますが、その「パン」と一緒です。胚種はわかりやすく言うと「種」のことですね。すなわち、パンスペルミア説とは「宇宙空間には生命の素（種、胚種）が広く行き渡って存在している」ということを表しています。で、私はこの「Ｓｐｅｒｍｉａ（スペルミア）」の部分、何か引っかかったんですよ。種ならば、「Ｓｅｅｄ（ｓ）」とかの方がわかりやすいではないですか。スペルミアって何？　なんか怪しい……と思い調べてみたところ、なんと、「Ｓｐｅｒｍｉａ」とは、胚種というか「精子」という意味だったのです。そうか、パンスペルミアって「精子が広く行き渡ってる」ってことか……えー、何か微妙だな、いや、しかし、精子は生命の源、正しいのか。となると地球は卵子それとも苗床？　そう思うと、二つ（地球と彗星、卵子と精子）は何となく似ているかもしれない……なんて、独りで複雑な心境に陥ってしまいました。

宇宙空間には生命の素がたくさん

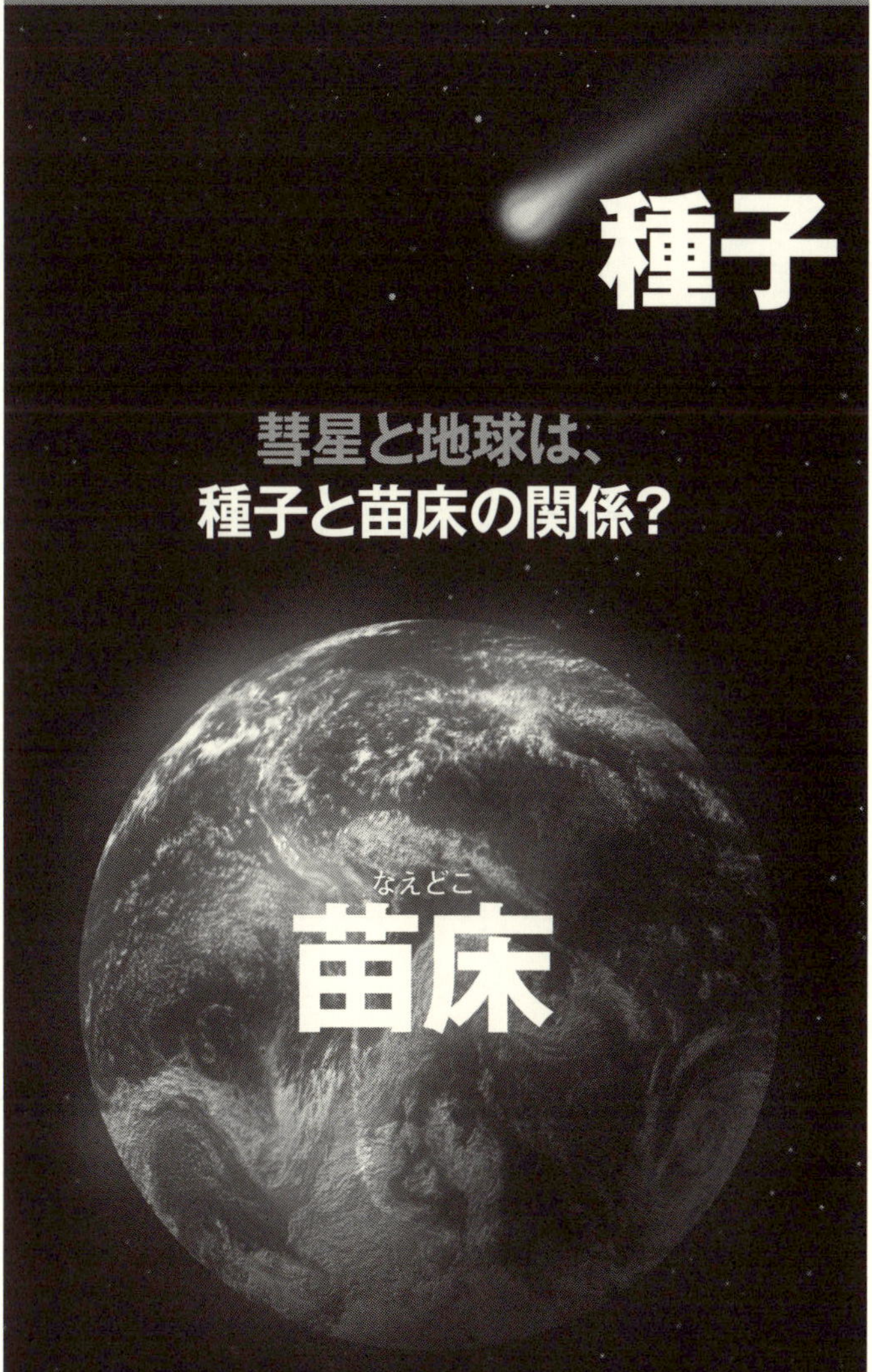
種子
彗星と地球は、
種子と苗床の関係?
苗床《なえどこ》

最初の命名はアレニウス

紀元前から存在した「パンスペルミア説」の歴史

「パンスペルミア」と命名をしたのは、スウェーデンのノーベル賞科学者スヴァンテ・アレニウスですが、パンスペルミア説自体はかなり前（古くは紀元前）から存在していました。有名どころでは、「古代のコペルニクス」とも呼ばれているギリシャの天文学者のアリスタルコス。彼は紀元前3世紀の時点で、自然発生説を否定したり、地動説を提案したりと先見の明があり過ぎる殿方でした。ええ、ええ、太陽系の中心には地球ではなく太陽が位置しているという太陽中心説を最初に唱えたのもこの君です。この説が正しいとわかったのは、2000年くらい経ってからやっとですが……。

そして、現在に至るまで多くの科学者によって、様々なパンスペルミア説が提唱されてきました。後ほど詳しく説明しますが、ノーベル賞受賞者でDNAの二重螺旋構造の発見者でもあるフランシス・クリック博士は、地球誕生以前に生まれていたかもしれない別の惑星の知的生命体によって、生命がロケットなどに入れられ宇宙に意図的に「種まき」が行われたという「意図的パンスペルミア説」を唱え、物議を醸したりもしました。

どこかの生命体が宇宙空間に種まき

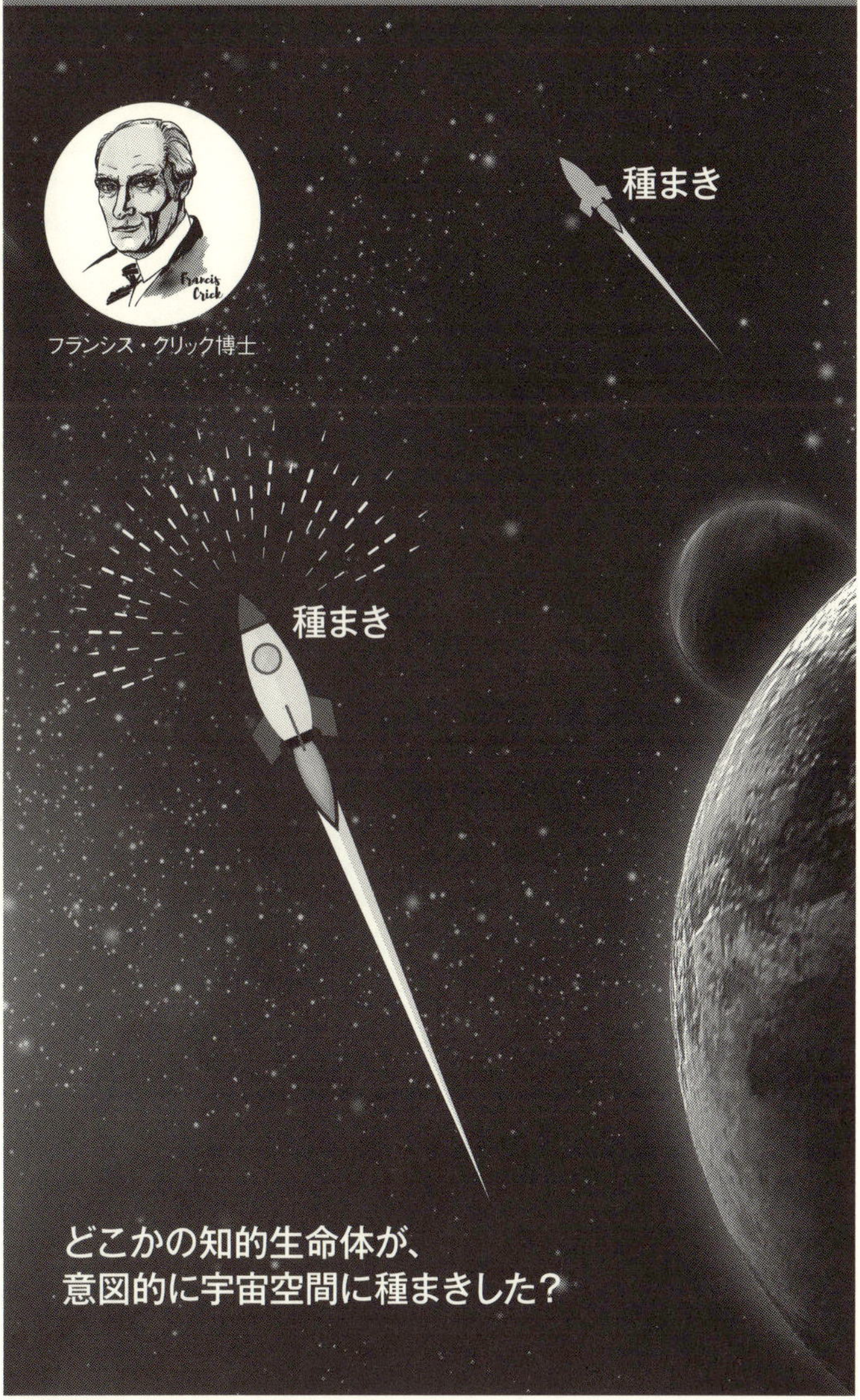

フランシス・クリック博士が唱えた「意図的パンスペルミア説」の謎

フランシス・クリック博士の「意図的パンスペルミア説」。これを最初に聞いたとき、正直言って「完全に（向こうの世界に）いっちゃってる……」と思った自分ですが、色々と考えているうちに意図的パンスペルミア説も全然アリだな、という気持ちになってきました。私が意図的パンスペルミア説もアリなんじゃないかという理由は、次の通りです。

1●現在、我々も意図的パンスペルミア的なことができてしまう文明レベルにあります。宇宙にも行けるし、遺伝子組み換え技術も発達しているから、ウイルスの中に人工的に遺伝子を挿入して、それを宇宙空間に放出して別の惑星に飛ばすこともできそうです。

2●広大な宇宙の中に、我々よりも先に誕生し、よりレベルの高い文明を発展させている知的生命体がいることは否定できない。そして、それらが意図的パンスペルミアを企てないということも否定できません。

宇宙はめちゃくちゃ広く、地球のような惑星が存在する可能性がある恒星も数え切れないほど存在すると考えられています。我々が今いる地球に限らず、知的レベルがずば抜けて高い生命なんてどこかの宇宙にいくらでも

隕石の衝突で、
地球上の生物の遺伝子が
宇宙に放出された
可能性も!?

いそうですね。

3●というか何より、既に我々人間も「意図的ではない意図的パンスペルミア」を行なっています。我々はロケット、探査機など宇宙空間にたくさんのブツを送り出しています。このブツたちは一応消毒をされているらしいのですが、殺菌しきれずに地球を出発し、宇宙空間で生き延びていた細菌も見つかっています。

つまり、知らず知らずのうちに宇宙空間に地球の生命をばら撒いてしまっているのです。よく考えたら恐竜が絶滅した原因とされる約６５００万年前の隕石の衝突でも、地球上の生物の遺伝子はたくさん宇宙空間に放出されているかもしれません。

生命は彗星に乗って旅する

彗星パンスペルミア説とは?

パンスペルミア説には、生命がどうやって地球にやって来たのかという観点からいろいろな説がありますが、その中でも、生命が彗星に乗って地球に運ばれてきたという説を「彗星パンスペルミア説」と言います。

彗星パンスペルミア説に対して否定的な人、オカルト&スピリチュアルな説だと思い違いされている人が世の中には結構いるようなのですが、彗星パンスペルミア説は、サー・フレッド・ホイル博士や、スリランカ出身の数学者チャンドラ・ウィクラマシンゲ博士、日本のアストロバイオロジーの第一人者で本書の監修者でもある松井孝典先生なども支持をしている、科学的な実証データに基づいた学術的な説です。彗星に乗って生命が地球にやって来たなんて考えただけでもワクワクしてきませんか。

地球規模で物事を考える限定的な「原始スープ」のような考え(最初の生命が地球上の化学物質がいっぱいの水たまりの中で誕生したという考え)を一度その辺に置いといて、一緒に広大な宇宙に思いをはせられる宇宙起源説である「彗星パンスペルミア説」についてみていきましょう。

彗星に乗って生命がやってくる

彗星はDNAの冷蔵庫
彗星や隕石には、生命のもとになる物質や、生命そのものが存在している。

彗星は有機物と氷の塊

彗星パンスペルミアの「彗星」って何？

まずは彗星の説明をしたいと思います。彗星とは、太陽の周りを回る天体のうち、太陽に近づくとガスと塵が放出される「天体」のことを言います。氷・ドライアイスなどに塵や小さな岩石が混じった塊と考えられ、「汚れた雪ダルマ」などと言われてきましたが、現在では雪ダルマなんてかわいい物などではなく、「ごつごつした岩と、有機物を含んだ氷の塊」であることが、明らかになっています。

また、その昔、アリストテレスは彗星を「大気と天体の間の摩擦によって起こる現象であり、疫病などの厄災の前触れ」と言い、彗星は長らくの間、雷や虹などと大差ない「気象現象」だと考えられていました。大事なことなので念を押しますと、彗星は「気象現象」などではなく、「天体」です。しかも、厄災の前触れとかって……アリストテレス、相当スピってますね。

彗星は、核・コマ・尾で構成されています。核とは、彗星の先頭の部分のことで、大きさは直径1～100キロメートルくらい。核の周辺のガスの雲はコマと呼ばれ、コマから伸びている部分を尾（テイル）と言います。尾の正体は、太陽に近づいた時に太陽の熱で温

彗星の尾の長さは最大1億 km

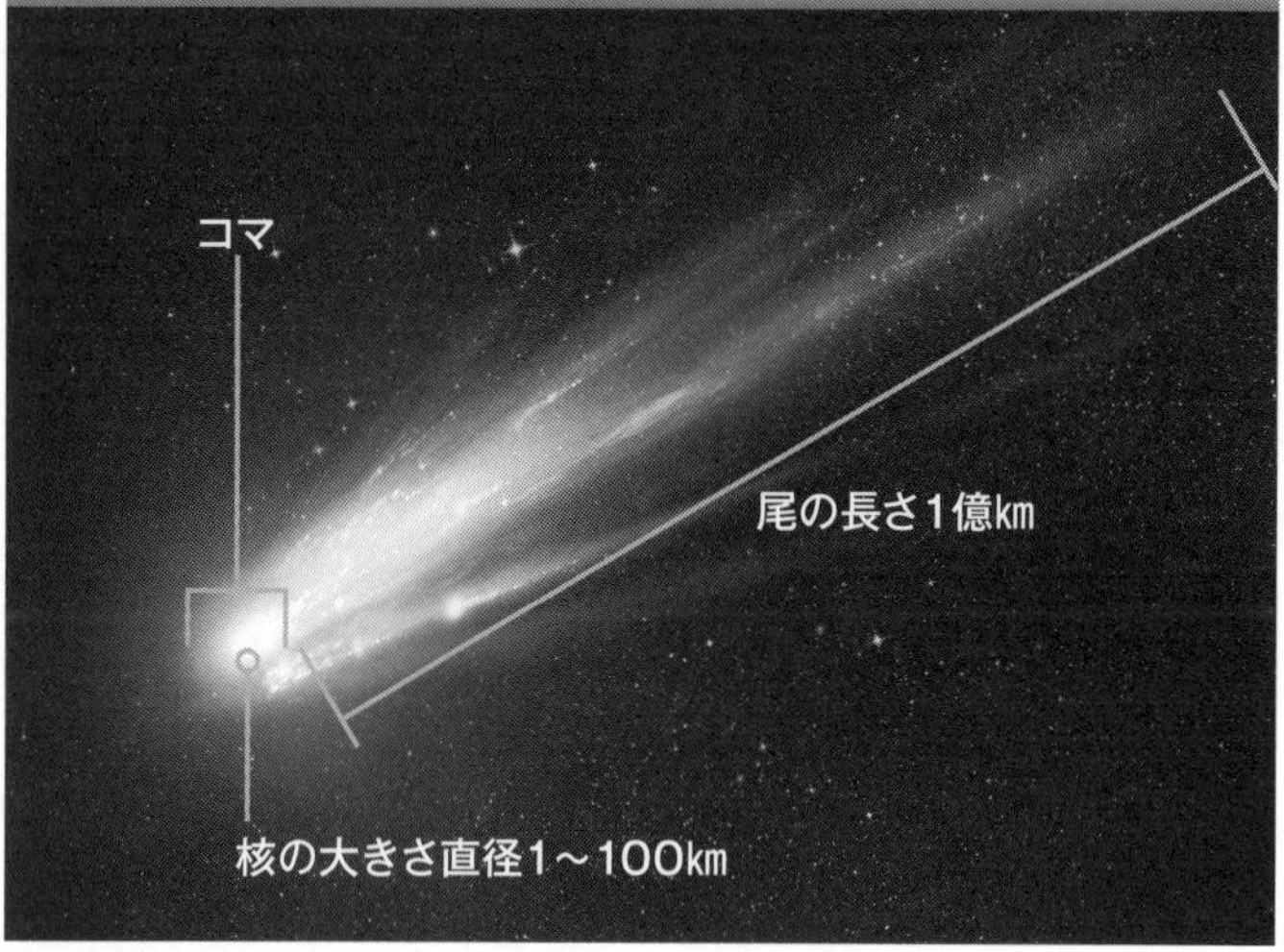

められて氷が溶け、ガスや塵などが噴出したものです。その長さは1億キロメートルを超えるものもあるそうです。核部分の質量は、数10億トン～数兆トンと言われています。

彗星の多くは軌道が安定しないものの細長い楕円軌道を描いていて、数年から数千年に一度、太陽の近くに戻ってきます。驚くべきはその数。彗星の数はハレー彗星くらいの大きさのものでも、太陽系だけでも2兆個はあると言われています。

ちなみに彗星は、主に太陽系外縁付近にあるカイパーベルトからやってくる短周期彗星（200年以下）、さらにその外側のオールトの雲からやってくる長周期彗星（200年以上）と非周期彗星とに分類されています。

混同しやすいが違う

彗星・流星・隕石はどのように違うのか？

彗星と間違えやすいものに、流星や隕石があります。

ここでは混同しやすい「彗星・流星・隕石」の3つについて、ついでなのでごくごく簡単にまとめてみます。

彗星　太陽の周りを回る天体のうち、太陽に近づくとガスと塵からなる尾を生じる「小天体」のことです。短周期彗星と長期周期彗星があります。

流星　彗星がまき散らしていった塵。塵の軌道が地球の軌道と交差し大気圏に突入するときに、大気の分子と衝突してガスが発光し、光っているように見えます。大気中で消滅してしまいます。

隕石　小惑星や彗星などの破片が地球など惑星に落下してきたもの。数百キログラムを超えるものだと大気圏を通過し、無傷で地表に到達します。

ちなみに隕石は1年間に何千個も地球に落ちてきているそうなので、当たらないように注意したいものですね。

彗星・流星・隕石の違い

彗星

海王星の外にあるエッジワース・カイパーベルトからやってくる「短周期彗星」と太陽系を卵の殻のように取り囲んでいるオールトの雲からやってくる「長期周期彗星」がある。

流星

彗星がまき散らした物質が地球の大気に突入するときに発光して光る。ほとんどは燃え尽きてしまうが、その塵が地上に降り注いでいる。なかには月よりも明るく光る流星もある。

隕石

地球以外の宇宙から地上に落下したもので、火星と木星の間にある小惑星帯からくると考えられている。数百kgを超えるものは大気圏で燃え尽きず地表に到達する。

マーチソン隕石

20世紀最大の彗星と言われる「ヘール・ボップ彗星（Comet Hale-Bopp）」1997年。次回、近日点通過は4531年。

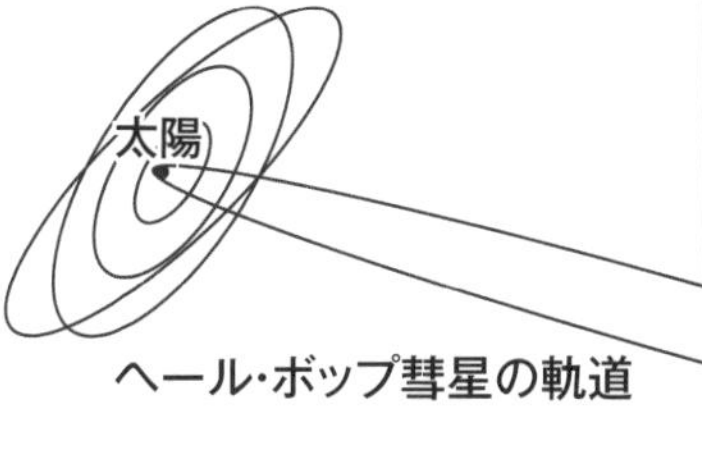

ヘール・ボップ彗星の軌道

彗星パンスペルミア説への反論①

オッカムの剃刀《カミソリ》

先ほども書きましたが、彗星パンスペルミア説に対しては、「んなアホな、そんなことはありえねーっぺ、トンデモ説だっぺよ〜」という反対の意見も多く聞かれます。反論の際によく用いられるのが、「オッカムの剃刀」と「フェルミのパラドックス」というものです。こちら日常生活で何かに反論したいときなどに使えるかもしれないので、ついでに説明しておきましょう。

まずは、「オッカムの剃刀」についてです。これはある事柄について説明するときに必要以上に仮説を立てるべきでないとする考えです。すなわち、「2つ（複数）の競合する理論がある場合、よりシンプルなもののほうが正しい可能性が高い」というものです。ここで注意したいのは正しい可能性が高いだけで、本当にその理論が正しいかを確認するための判定則ではないということです。14世紀の哲学者で神学者のオッカムが多用したことで有名になった理論で、別名「ケチの原理」とも呼ばれています。

地球の生命の起源についてオッカムの剃刀を当てはめると、

① 生命は地球上で自然発生した

オッカムのことわざ

必要なしに多くのものを定立してはならない

中世イギリスの哲学者・神学者
ウイリアム・オッカム（1288年～1348年頃）。

②生命は地球外（宇宙）から来た
③生命は神が作った
④生命には始まりも終わりもない（哲学的ですね）

以上の中で、取り急ぎ一番「それっぽい」のは、①の「生命は地球上で自然発生した」だから、ほかの3つの考えは削いで（削ぐから剃刀）、①についてもっと深く考えようぜ―みたいな感じです。

ええ、ええ、物事をシンプルに考えるのは大事ですが、色々な可能性を検討すべきだと思う今日この頃です。がしかし、お勤め人の方は上司から振られた余計な仕事を展開したくないときの言い訳を考える際などに、応用できそうな感じではありますね。

彗星パンスペルミア説への反論②

フェルミのパラドックス

次に「フェルミのパラドックス」について説明しましょう。フェルミのパラドックスとは、物理学者エンリコ・フェルミによって指摘された、地球外生命体による文明の存在の可能性の高さと、そのような文明との接触の証拠がいまだに皆無である事実の間にある矛盾のことです。

我々人間のような（もしくはそれ以上の）知的生命体が宇宙に多数存在しているなら、とっくの昔に出会っていてもいいはずなのに、いまだに会えてないのはおかしくねー？的な感じの考え方のことです。パラドックスとは、逆説のことですね。

こちらについては、知的生命体による科学技術文明はせいぜい100年～数百年で自己崩壊すると考えられており（人間もそろそろ!?）、たとえ知的生命体が出現していたとしても、知的生命体同士で交信する前に、どちらかが滅びていなくなってしまうからだろうと監修者の松井先生が言っていました。

ちなみに「我々の銀河系に存在し、人類とコンタクトする可能性のある地球外文明の数」を導き出す式として、次ページのドレイクの方程式という考え方も提唱されています。

ドレイクの方程式

$$N = R_* \times f_p \times n_e \times f_\ell \times f_i \times f_c \times L$$

- N：地球外文明の数
- R_*：銀河系内で1年間に誕生する恒星の数
- f_p：1つの恒星が惑星を持つ割合
- n_e：恒星系で、生命体存在の可能性がある惑星の数
- f_ℓ：生命体の存在可能となる惑星で、実際に生命が発生する確率
- f_i：生まれた生命体が知的レベルまで進化する確率
- f_c：通信手段を持っている確率
- L：文明の平均寿命

地球外文明の数を推定する方程式。アメリカの天文学者フランク・ドレイクが 1961 年に考案。この方程式を1＝R×1×1×$\frac{1}{10^{40000}}$ ×1×1×1とするとR＝10^{40000} となる。

彗星は宇宙船

彗星内で生命は生きられるのか？

繰り返しになりますが、無重力で真空、人間の致死量を遥かに超えた放射線と紫外線のような宇宙線もバンバン飛び交い、気温はマイナス270度の冷え冷え状態である宇宙空間において、彗星は「生命維持のための冷蔵庫」の役割を果たすことができる物体と考えられています。

それは彗星の持つ保護性からです。ある程度の岩石の厚みや氷の厚みを持った彗星であれば、その内部は、宇宙線などをゆうに避けることができそうと推測されているのです。

彗星が太陽に最接近するときには、表面温度が最大400度まで熱せられるそうですが、彗星の半径が10キロメートル以上あれば、彗星の外側を包んでいる殻部分は1キロメートルほどになると考えられ、表面を覆うこの分厚い外殻が保護カバーとなるため、彗星内部はアルミニウム-26の崩壊熱で長期に温かい液体状態に保たれると思われます。

そう、彗星はバクテリアやウイルスが宇宙環境を生き延びていくのに十分な安全地帯となるのです。私の好きなチュリュモフ・ゲラシメンコ彗星の内部にもたくさんの生命がいるのでしょうか。

ロゼッタ探査機に搭載された欧州宇宙機関の無人探査機「フィラエ」。チュリュモフ・ゲラシメンコ彗星に着陸したフィラエのイメージ図。

過酷な大気圏突入

彗星や隕石が大気圏に突入するときに生命は死ぬ？

たとえ彗星（や隕石）の中に生命がいるとしても、大気圏に突入するときに丸ごと焼き尽くされてしまうのでは？　と思いませんか？

例えば、地球上の大気圏外にある人工衛星の破片などの宇宙ゴミのことをスペースデブリと言うのですが、このスペースデブリが誤って大気圏に突入しても、大抵の場合はそこで燃え尽きてしまい、地上に落ちてくることは考えられないとされています。

そこからたとえ彗星や隕石に生命がいたとしても、大気圏を突破して地球に入ってくるのは、普通に考えて無理なのではないかと思ってしまいます。ところが！　焼き尽くされずに大気圏を突破するのは計算上、可能だそうです。

サー・フレッド・ホイル博士の理論&検証によると、大気圏突入の際にどれだけ加熱されるかは対象物の大きさによるとのことです。針の先ほどの大きさの粒子であれば、秒速10キロメートルで大気圏に突入したときの最高温度は3000度。この場合、粒子は瞬時に気化して消えてなくなってしまいますが、一方で、これよりも小さい粒子であれば、

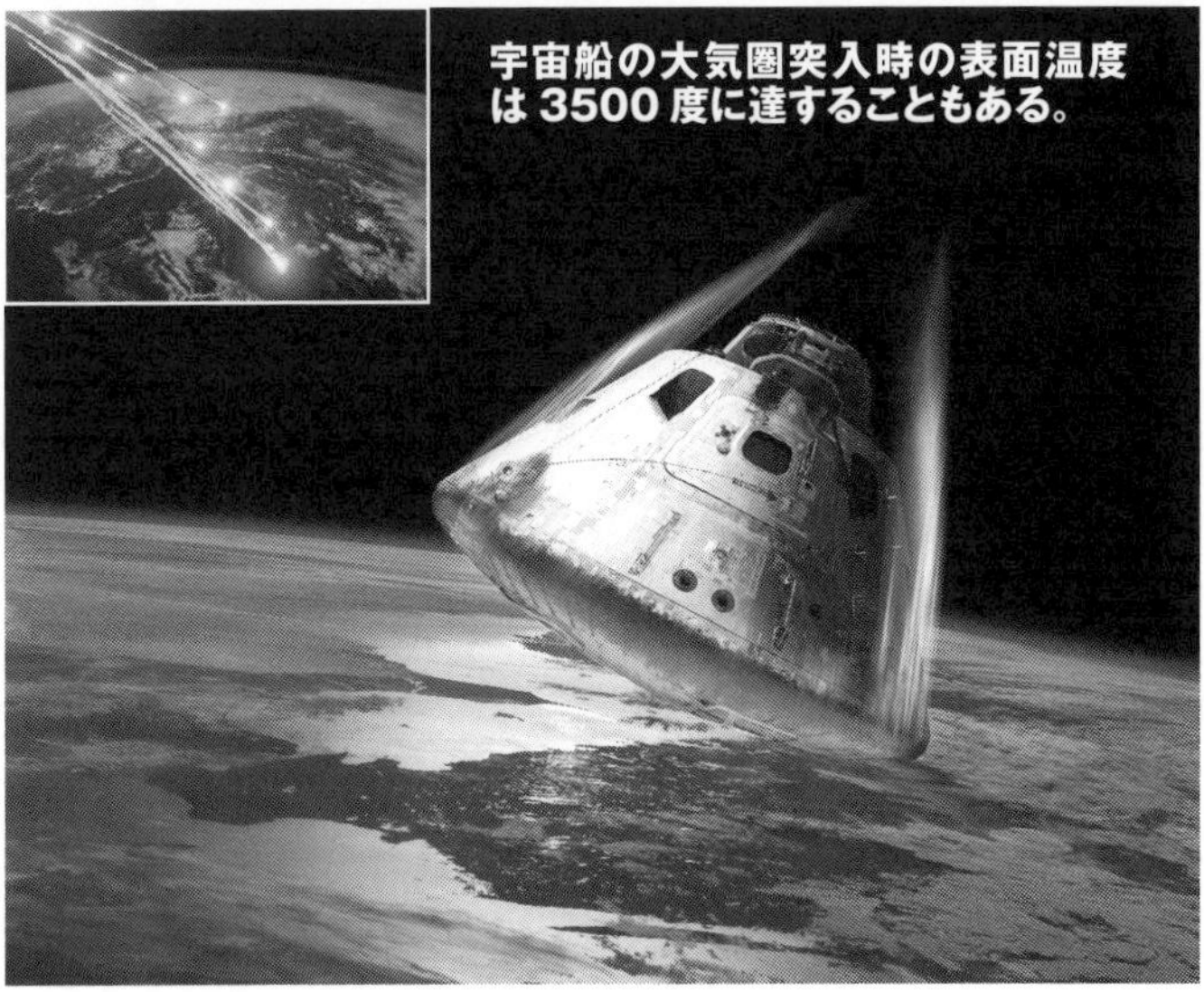
宇宙船の大気圏突入時の表面温度は3500度に達することもある。

温度はもっと低くなります。例えば、人間の赤血球位の大きさであれば1000度、ウイルスやバクテリアであれば500度くらいだそうです。「500度って、やっぱ焼き尽くされちゃうんじゃないですか」と思ったそこのあなた！　なんとですね、これまでに行われた実験の結果、乾燥したバクテリアの中には、最高温度700度でも数秒間死ななかったバクテリアもいたそうです。乾いた生活をしているそこのアナタ！　乾燥って強いんですよ（余計なお世話）。

　彗星から放出されたバクテリアの塊程度の大きさ、もちろん個々のバクテリア、ウイルス粒子のサイズであれば大気圏突入でも生き残る確率は高いのです。アッパレですね。

隕石にいる生命は地表に激突するときに死ぬ？

大気圏を突破しても生きている！

無事に大気圏を突破したとしても、「地上に着陸する際、地面に激突して死んでしまうのでは？」という疑問が……。こちらにもちゃんと答えが準備されています。サー・フレッド・ホイル博士によれば、バクテリアやウイルスたちが、地面に激突せずに軟着陸（ソフトランディング）することは可能だそうです。大気圏の高層がクッションとなり、スピードが減速されるからです。そうして減速された、粒子のサイズがバクテリア程度のものであれば、重力に引かれてそのまま落下し、上空で雲を作る核になって雨として地上に落ちてきます。粒子のサイズがもっと小さいウイルス大の場合は、軽すぎて落ちて来られないため、そのまま上空（20～30キロメートルの成層圏）にしばらくとどまることになりますが、これも季節風（成層圏の空気の地球規模の対流の動き）によって運ばれ、そのうちにバクテリアと同じように下まで来ると、雨の核になって雨として地上に落下することになります。また、11年サイクルといわれる太陽活動周期により、太陽から地球に到達する荷電粒子が増大する現象によって地上まで運ばれてくるとも推測されています。

バクテリア、ウイルスが地上に軟着陸

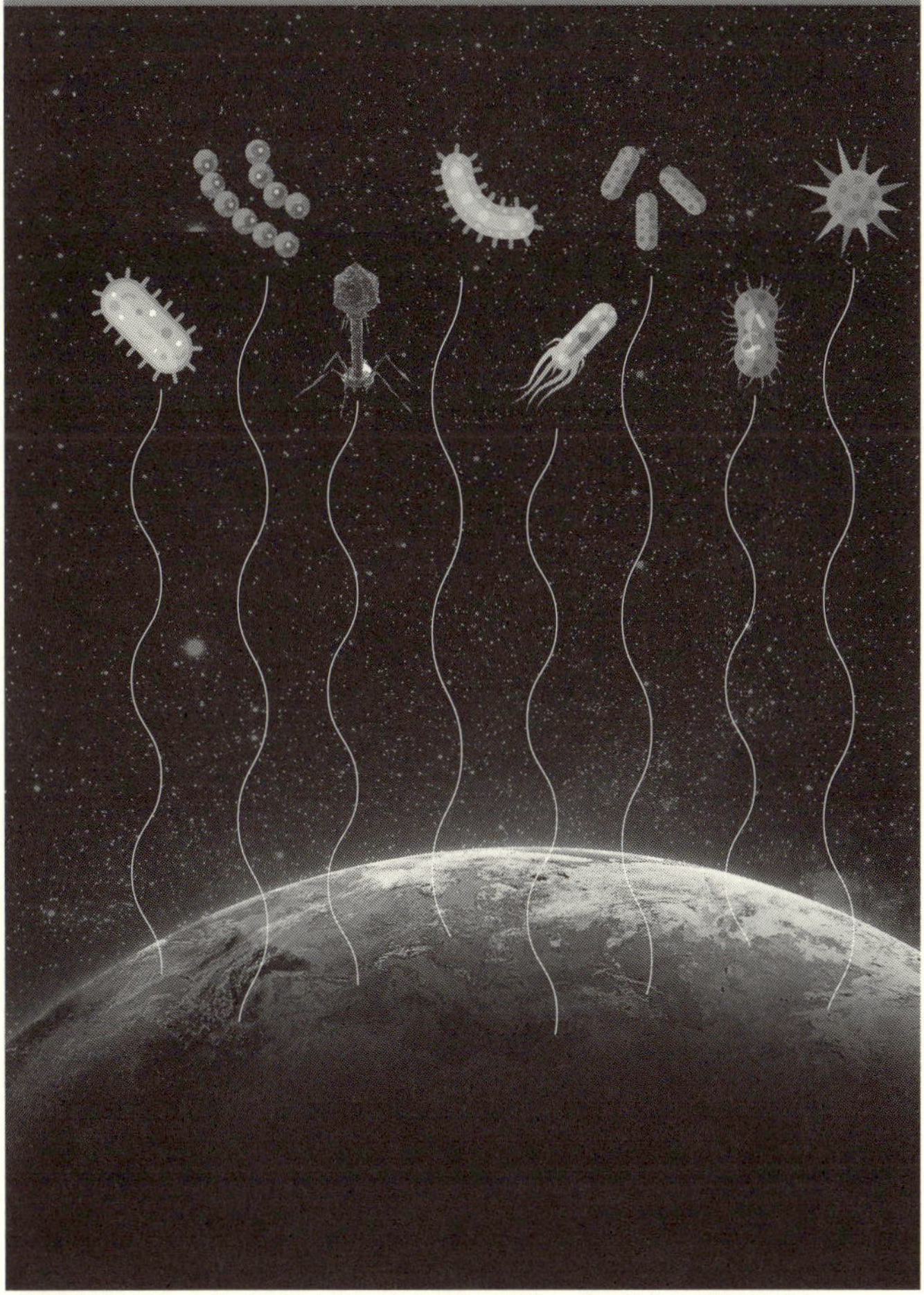

成層圏にとどまっていたバクテリアやウイルスが少しずつ地上に軟着陸する。

生物の種類増加と重なる

古代地球では彗星の激突が半端なかった？

　ところで、皆さんは「カンブリア爆発」という言葉を聞いたことはありますか？　これは古代の地球、カンブリア紀と呼ばれる約5億4200万年前から5億3000万年前の間に、突然、それも急激に生物の種類が1万種から30万種に増加した現象のことを言います。

　この間の1200万年というのは、寿命が80年ばかりの私たち人間からすると、かなり長い期間のように思われますが、古生物学的には短いとされる期間です。計算を簡単にするために1000万年で考えてみましょうか。地球の歴史は約45億〜46億年ですので、そのうちたった450分の1の期間です。一瞬とは言いませんが短期間ですよね。後ほど進化論についても触れるのですが、ダーウィンが唱えた自然淘汰による進化説では、種の進化は長い期間をかけてゆっくり進むため、このような短い期間で多種多様な生物が一気に出現するのは、理論上ありえない現象です。

　そんななか、サー・フレッド・ホイル博士とチャンドラ・ウィクラマシンゲ博士の研究によると、この生物の種類が爆発的に増加した時期と、彗星やら隕石やらがやったらめっ

カンブリア紀の生物たち

約5億4200万年前
～
約4億8830万年前

ハルキゲニア
Hallucigenia
三葉虫
Trilobite ptychoparia
オパビニア
Opabinia
ピカイア
Pikaia
ヴァウヒア
Vauxia gracilenta Spponge
アノマロカリス
Anomalocaris

たら地球に追突していた時期とが、ちょうど重なっていたそうなのです。つまり、大量の彗星がその時期に色々な種類の生命を運んで来て、新種が爆発的に増えたのかもしれないのです。これは興味深い現象ですね。

　また、生命は彗星が運んできたのではなく、宇宙塵と一緒に地球に入ってきているのではないかという説を唱えている学者もいます。宇宙塵とは、宇宙空間に分布している微粒子です。驚いたことにこの宇宙塵は、なんと毎日約100トン（そのうち約100キログラムは微生物か）も地球に降り注いでいると言われています。100トンって結構な量ですよね。気球を飛ばしてこの宇宙塵を採取し、分析する研究なども行われています。

太陽系の外縁

彗星の故郷、オールトの雲とは？

　太陽系の果てには「オールトの雲」と呼ばれる領域があります。これは太陽から約1光年の所を球状に取り囲んでいるエリアで、ここまでを太陽圏と言います。オールトの雲には太陽系に惑星が誕生したときに取り残された無数の天体や氷・塵などが集まっており、たくさんの彗星も含まれているだろうと推測されているため、「彗星の故郷」とも呼ばれています。そんなわけなので、オールトの雲には生命の起源の秘密が詰まっているとされており、秘密を探りに探査にお出かけしたらいいのに……と軽く思ったのですが、40年ほど前の1977年に打ち上げられ、今も宇宙を探査中のNASAの無人宇宙探査機ボイジャー1号でも、オールトの雲の内側部分に到達するまでに約300年はかかるそうです。ええ、ええ、なかなかの遠さですね。さらに、ボイジャー1号がオールトの雲を抜け出して、太陽系の外に出るのには3万年以上かかると考えられています。……気の遠くなるような話ですね。ちなみに、ここまで書いておいてなんですが、オールトの雲の存在は実際に観測で確認されてはいないため、推測上の仮想の天体エリアだそうです。

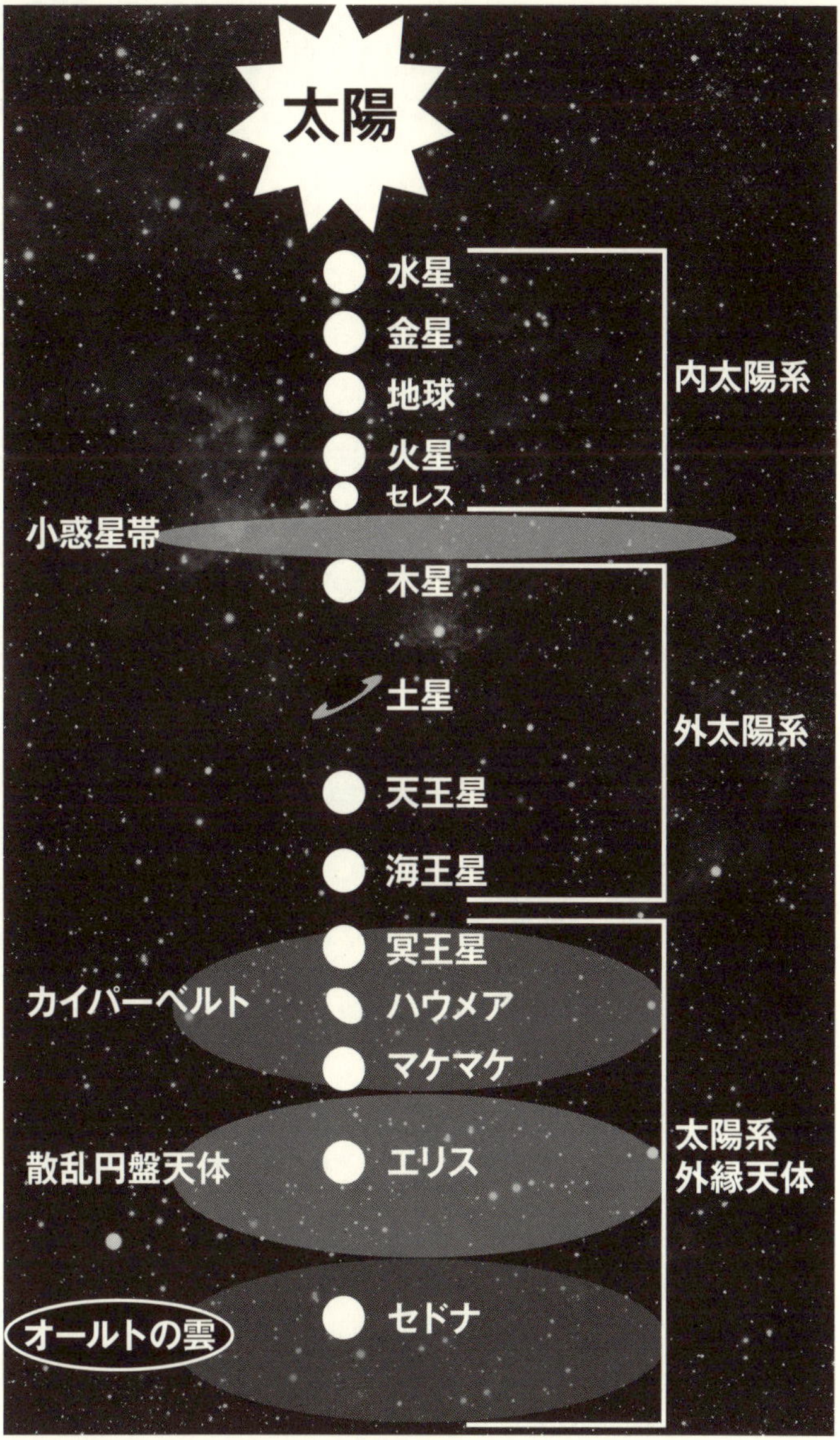
太陽
水星
金星
地球
火星
セレス
内太陽系
小惑星帯
木星
土星
天王星
海王星
外太陽系
冥王星
ハウメア
マケマケ
カイパーベルト
エリス
散乱円盤天体
太陽系
外縁天体
セドナ
オールトの雲

過酷な環境の中で生きる生物はたくさんいる

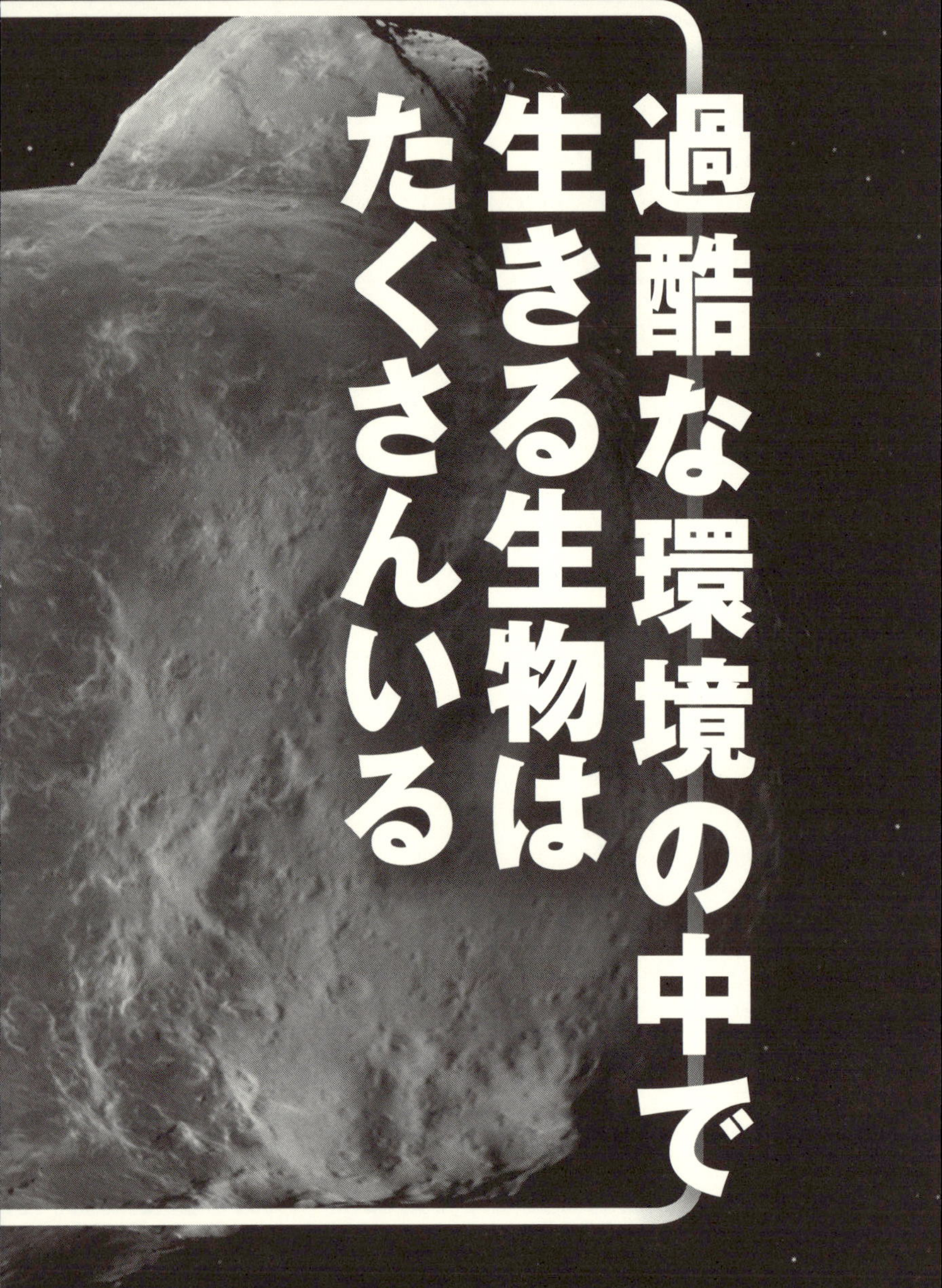

Chapter 4

チャプター4では、パンスペルミア説の裏付けとなる様々な発見を紹介していきます。これらは、宇宙探査機はやぶさを始め、探査が進むことで、ますます解き明かされていくでしょう。科学が進んで、月や火星に水が存在することは、ほんのこの数年で明らかになってきました。

最強の生き物

極限環境でも生きられる生物がいる？

宇宙空間の環境も大変過酷ですが、この地球上にも過酷な環境はたくさん存在します。そして、そのような大変な環境に暮らす微生物を「極限環境微生物」と言うのですが、これらを研究することで、過酷な宇宙空間で生き物が生き延びることが可能か否かの研究につなげようとしている研究者もいます。

ちなみに極限環境とは、温度・圧力・磁力・pH・放射線量などが、一般的な生物が生息できる条件から大きく逸脱した環境のことを言います。

たとえば、深海などはモロ極限環境と言えますが、生き物の生息が確認されています。深海の地熱で熱せられた数百℃という熱水が噴出する割れ目のことを熱水噴出孔と言いますが、高温というだけでなく、重金属や硫化水素といった物質を豊富に含んでいるにも関わらず、周辺には微生物どころか、チューブワームやイエティクラブ（雪男ガニ）など、多数の生物の生息が確認されています。

また、宇宙空間に関して言うと、最も問題となるのは放射線や紫外線といった宇宙線への耐性です。

76ページ以降で詳しく見ていきましょう。

極限環境で生きられる微生物

項目	条件	微生物名
高温	122℃	好熱菌 *Methanopyrus kandleri*
高 pH	pH12.5	好アルカリ菌 *Alkaliphilus transvaalensis*
低 pH	pH−0.06	好酸菌 *Picrophilus oshimae*
高 NaCl 濃度	−	好塩菌 *Halobacterium salinarum*
有機溶媒	−	溶媒耐性菌
高圧力	1100 気圧	好圧菌 *Moritella yayanosii*
放射線	最大 30000Gy のガンマ線照射	放射線耐性菌 *Thermococcus gammatolerans*
放射線	ウラン、トリウム、カリウムの崩壊	放射線耐性菌 *D.audaxviator*

南アフリカの金鉱の地下水中で見つかった極限環境微生物

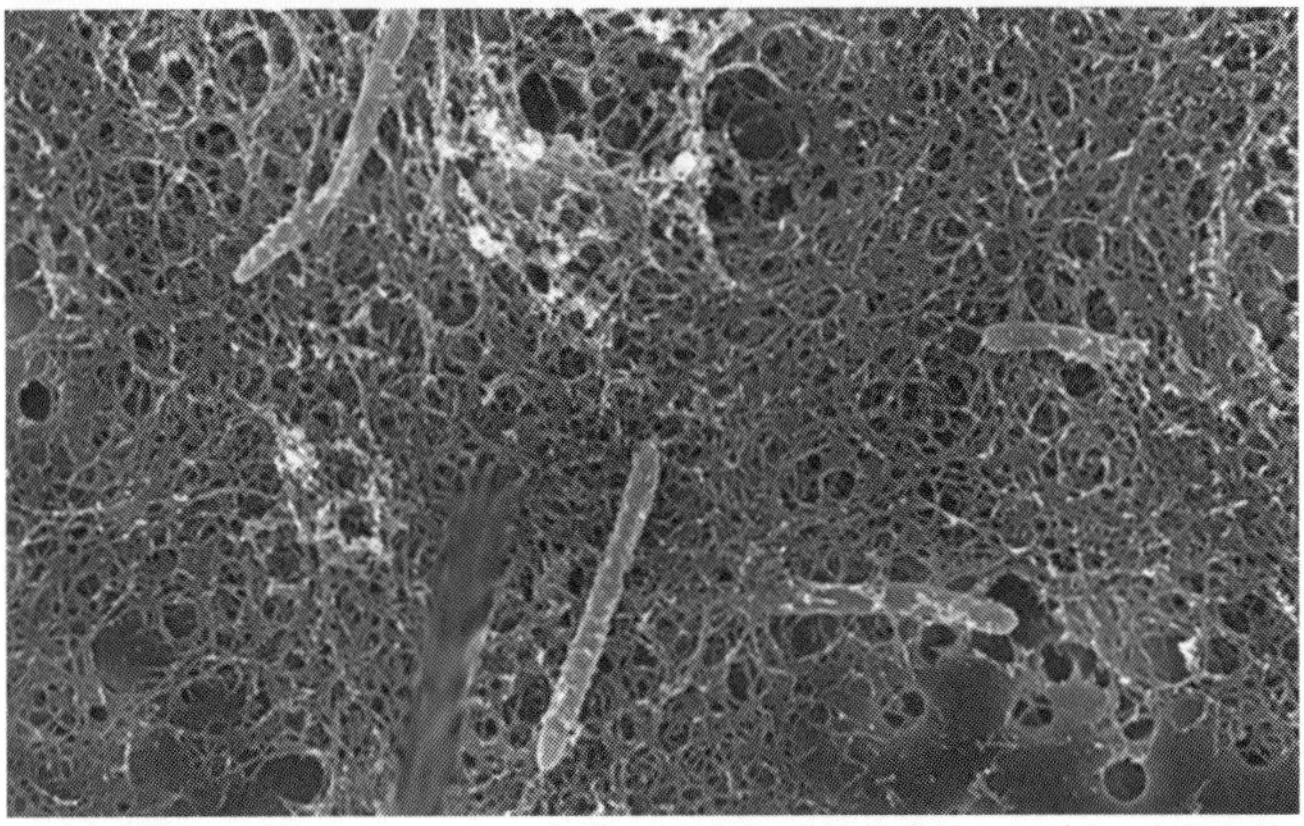

60℃の高温、pH9.3 のアルカリ、極度の貧酸素・貧栄養環境にも耐える真正細菌:デスルフォルディス・アウダクスヴィトール。

●さらに史上最強の生き物

クマムシは極限環境で生きられる動物

史上最強の生物という呼び声も高いクマムシ。通常、極限環境で生き延びられる生物は微生物なのですが、クマムシはめずらしく動物です。動物と言っても、サイズは0.2～1ミリメートル弱ととっても小さいのですが。このクマムシは8本脚の無脊椎動物（背骨がない動物）で、一見昆虫のようにも見えるのですが昆虫ではなく、「緩歩《かんぽ》動物」という種類に属しています。ちなみにこの緩歩生物に属している動物はクマムシのみです。ええ、ええ、それだけクマムシが特異な生き物ということですね。

クマムシは水分のない乾燥した環境に置かれると、体がたるのような形に収縮して「乾眠」と呼ばれる仮死状態に入ります。乾眠状態のクマムシは、気温マイナス273度～151度、気圧は7万5000気圧まで耐えられるそう（人間が耐えられるのは数気圧まで）です。もちろん仮死状態なので、お水を与えるとまた元に戻ります。ええ、ええ、何事もなかったかのように復活してまた活動をするのです！　9年間もの乾眠状態から生き返った記録もあるそうです。クマムシくん！あなたすごいですね。

過酷な環境の中でも生きられるクマムシは地球上最強の生きものか？

真空でも生きられる
続クマムシは極限環境で生きられる動物

2007年には乾眠状態のクマムシを10日間もの間、直接宇宙に空間にさらす実験も行われています。ご想像通り、宇宙線を浴びてもクマムシの約70％は地球に戻ると普通に復活して、宇宙線を浴びていないクマムシと同じように繁殖したそうです（残念ながら、紫外線を浴びた場合は生存率低下）。ちなみに、現在知られている生き物の中で、真空でも生き延びられる唯一の動物でもあります。

また、学術誌「米科学アカデミー紀要」に掲載された論文によると、クマムシの全DNAを解析した結果、そのDNAには外来DNAと呼ばれる他の種類の生き物から「拝借したDNA」が、大量に含まれていることがわかっているそうです。その大部分は細菌（16％）で、他は菌類（0.7％）や植物（0.5％）、古細菌（0.1％）、ウイルス（0.1％）のDNAだったそうです。通常であればDNAは親から子に受け継がれるのに、クマムシでは異なる生き物の遺伝物質が、直接取り込まれているのです。謎過ぎます。まさに宇宙的レベルのありえない生物ですね。ちなみにクマムシはその辺の苔などに普通に存在しているので、探してみてもいいかもしれません。

クマムシを探してみよう！

お寺の境内など、日陰で湿った苔に生息している。

森や林の中の樹木の下の苔にも生息している。

人手があまり加わっていない岩場の苔にも生息している可能性がある。

日当たりのいい石垣の隙間には、乾眠状態のクマムシがいるかも。

クマムシは苔が生えていればどこにでもいる。乾燥している苔には乾眠状態のクマムシがいるので、苔を少量シャーレに入れ水を入れる。一晩放置しておき、顕微鏡で観察してみると、0.2㎜くらいのクマムシが動いているのが見える。

クマムシ探しに必要な道具

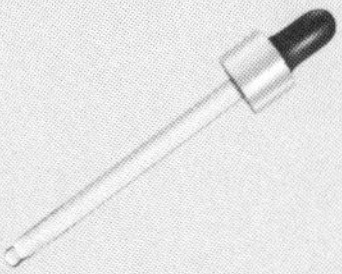

スポイト

シャーレ

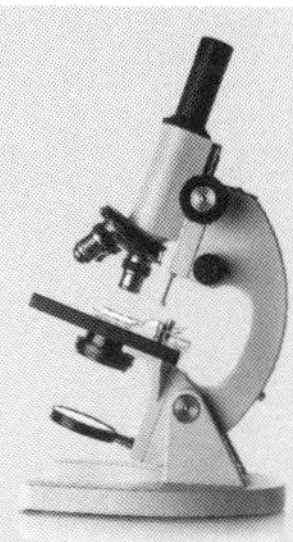

顕微鏡

驚異の復活力

人間なら即死の超強力な放射線に耐えられる球菌

クマムシもすごいのですが、クマムシ以上に放射線に強い生き物がこの世には存在します。その名も「デイノコックス・ラジオデュランス（*Deinococcus radiodurans*）」という細菌です。日本語に訳すると「放射線に耐える恐るべき球菌」です。なんと、人間の致死量の500倍に当たる放射線を浴びせても、全然平気。というか、2000倍でも生き残るというデータもあるそうです。通常、放射線を浴びると、細胞やDNAはズタボロに破壊されてしまい、そのまま復活することなく、正常な生命活動ができなくなり死に至ります。

ところがこのデイノコックス・ラジオデュランスは、放射線を浴びまくっても大量のDNA修復酵素を出して損傷をじゃんじゃん治していけるため、他の生物が生きていかれないような高放射線の環境下でもまったく問題なく生きていけるのだそうです。

実験によるとものの1時間ほどでズタボロDNAを修復させたという。さらには、乾燥させるともっと強度が上がるという優れもの?。もちろん高温・低温、低圧力、酸の環境下にもどんと来いという球菌です。

アフリカの砂漠に住んでいる「ネムリユスリカ」は、国際宇宙ステーションの船外にいても、死ななかった。

ちなみに生息場所は砂漠や標高の高い山、温泉、極地など広く、動物の腸内で生きている種類もいるそうです。ええ、ええ、向かうところ敵なしですね。近年では、ＤＮＡ損傷修復能力と抗酸化能力がガンの治療に役立つのではないかということで、医療面でも研究が進んでいるそうです。

あ、そういえば、昆虫でもすごいのがいたのを思い出しました。普段はアフリカの砂漠地帯に生息している「ネムリユスリカ」です。この子もクマムシのように乾燥状態で生き延び、吸水すると蘇る感じです。なんと、国際宇宙ステーション（ＩＳＳ）の船外滞在を生き延びて無事地球に生還しているそうです。ええ、ええ、強靭生物、探せば結構います。

DNAは設計図

ところで、DNAってなに？

　ここで突然ですが、DNAという言葉についてて説明したいと思います。ニュースなどでDNA鑑定といった言葉を目にすることがありますが、皆さんはDNAについてどこまでご存知でしたか？「DNAって、野球球団？アデニンとグアニンって新人外国人選手？」と思った方はいませんか？　ええ、ええ、そんなアナタのために、もっと理解を深めていただけるよう、簡単にDNAの解説をしていきましょう（ちなみに野球球団のつづりはDeNA）。

　DNAは誰もが聞いたことはあるけど、説明してみーと言われると、ちょっとソレ何だっけ？　という言葉だと思います。DNAの日本語訳は、デオキシリボ核酸。英語ではDeoxyribo Nucleic Acidと書きます。ちなみに核酸とは、すべての生物の細胞の核内に存在し、タンパク質の合成と遺伝現象に関与している重要な物質です。ヒトの核内にある46本の染色体のこと。核酸には、DNAとRNA（リボ核酸）の2種類が存在しています。DNAは生物の遺伝情報を保持している「設計図」、RNAはその設計図からコピーを作る工程を請け負う「作業人」のような存在です。

DNA
Deoxyribonucleic acid

DNA の構成成分には 4 つの塩基がある

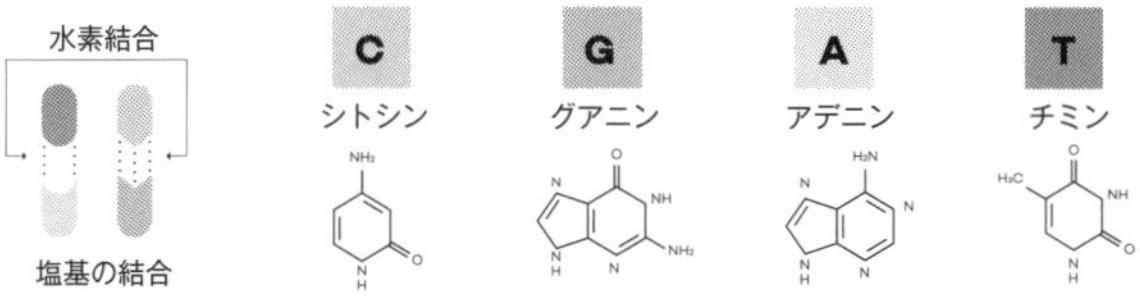
水素結合
塩基の結合
C
シトシン
G
グアニン
A
アデニン
T
チミン

直径
0.2 nm

1nm=0.000001mm（1 メートルの 10 億分の 1）

DNAは、塩基と呼ばれる4つの物質（アデニン（A）、グアニン（G）、シトシン（C）、チミン（T））が組み合わさってできており、形は二重らせん状です。手すりのあるらせん階段を思い浮かべてください。あんな形です。AとT、GとCがセットになります。ちなみに、RNAの塩基にはチミン（T）の代わりにウラシル（U）が使われます。地球上には、発見されているだけで170万を超える種類（一説によると3000万種類!?）の生物が存在していますが、すべての生物がそれぞれ固有のDNAの情報を元に増殖しています。ちなみに知人から聞いた塩基の覚え方は、G-CATです。（イメージは、金を招く猫、Golden CAT だそう）覚えやすいですね。

地球外でも生きられる

宇宙空間で生物は生きていられるのか？

遥か昔、アポロ12号の無人探査機サーベイヤー3号は2年もの間、月面で放射線と真空にさらされていたにもかかわらず、探査機の表面に付着していた連鎖球菌（地球からの出発時に地球で付着したと思われるもの）が、生き残ったまま発見され話題をさらったことがありました。

また、最近ではTEXUS-49探査ロケットの外面にプラスミッドDNAを付着させて宇宙空間に発射して地球に再突入した実験で、DNAの35%がその機能を完全に保持しているという結果が出ました。

さらに、宇宙空間ではないのですが、2008年には南アフリカ金鉱地下2.8キロメートルで、ウラン、トリウムおよびカリウムの放射性壊変を通じて維持される化学電池によって地下圏生態系が存在しうることが証明されました。

このような発見によって宇宙空間やそれに近い過酷な環境でも生き延びられる生命が存在することが、続々と明らかになっています。

SFの世界というかそっち系の話だった「地球外生命体」の存在の謎の解明へと近づいている証拠でもありますね。

無人探査船が月面に着陸

アポロ 12 号の無人探査船が嵐の海に着陸するところ。写真は、1969 年 11 月 19 日に宇宙飛行士のリチャード・ゴードン宇宙飛行士が撮影。

最新の科学で明らかになってきた

惑星や衛星に生命がいるかもしれない発見

火星探査機の「マーズ・エクスプレス」、土星探査機の「カッシーニ」など、我々は生命の起源を探るため、また地球外生命体を見つけるために、これまで太陽系内の惑星や衛星に向けてたくさんの探査機を送り込んできました。これまでに惑星や衛星の探査で発見された、生命がいる証拠かもしれないというおもなものをまとめてみましょう。

液体の水があるところには生命がいる確率が高まるため、探査では有機物の発見とともに、液体の水（表面でなくても地下でも。水蒸気として浮いていても！）があるかないかがとても重要なポイントになっています。有機物（有機化合物）とは、炭素が原子結合の中心となる物質のことで、加熱すると炭になったり、二酸化炭素を放出したりする物質です。生物の代謝や生命活動にも深い関わりがあるため、宇宙探査などで有機物が発見されると結構な話題になります。また、有機物の中でも特に、アミノ酸やアミノ酸の一歩手前の物質（ペプチドなど）は、生物の体の構成要素であるタンパク質と深く関係するため、これらの発見も宇宙空間にも生命がいることの大きな証拠につながります。

宇宙に生命がいそうな証拠の発見①

惑星・衛星

2004年
ESA（欧州宇宙機関）

火星探査機「マーズ・エクスプレス」が、火星南極の極冠がドライアイスだけでなく水の氷も含んでいることを確認。さらに火星の希薄な大気中にメタンが予想以上の濃度で存在していることも発見した。

土星の衛星「エンケラドス」
2015年
米国コロラド大学・東京大学・JAMSTECらの研究チーム

土星探査機カッシーニによって土星の衛星「エンケラドス」の内部海の存在が確認され、地球外生命が存在している可能性があると発表。内部海から立ち上るとされる水蒸気も確認され、この星が生命の存在に適した環境であることが示唆された。

土星の衛星「エンケラドス」
2017年
米国ジョン・ホプキンス大学などの研究チーム

噴出した水蒸気から、水素分子を検出したと発表し、地球外生命が誕生する条件が揃っているという見解を示した。

木星の衛星「エウロパ」
2017年
NASA

木星の衛生「エウロパ」では、地表の最も温暖な場所から水が噴き出す様子がハッブル宇宙望遠鏡で観測された。

土星の衛星「タイタン」
2017年
NASA

土星探査機の「カッシーニ」が収集したデータから、土星の衛星「タイタン」の大気の大部分を構成しているシアン化水素が、地上に存在する他の分子と結合し、ポリイミンなどの重合体を形成可能であることが判明。これは生命が存在可能な環境が揃っていることを示唆している。

有機物があることは明らかになっている
彗星や隕石に生命がいるかもしれない発見

2000年のNASAの発表によると、カナダ北西部の湖に落下した隕石から、太陽系の誕生期に生成されたと思われる有機物が見つかっています。さらに1996年、火星起源の隕石ALH84001の内部からはD・S・マッケイが、炭素塩小球体（微生物の痕跡と考えられる）と複雑な有機物を発見しています。

このように彗星や隕石の調査からも、地球外生命体の存在や生命の起源の謎の解明に関係するのでは？という発見が、たくさんされています。なかには彗星や隕石だけでなく、原核細胞の核をもつ宇宙由来と見られる赤い雨が降ったりと、ドキドキの発見がいっぱいです。

ちなみにインターネットで「路端に落ちてる隕石を何個拾うと、一生遊んで暮らせますか？」という質問を見つけました。若干世知辛さを感じる質問ですね。こちらものによると思うのですが、隕石なのかその辺の石なのかを見極める能力がまずは求められそうですね。有名なところでは南極、日本国内でも拾えるそうです。どうでもいい話ですが、私はいつか隕石拾いの旅に出るのが夢です。

宇宙に生命がいそうな証拠の発見②

彗星・隕石ほか

1950年

サー・フレッド・ホイル

宇宙空間における炭素の生成「トリプルアルファ反応」の提唱。フレッド・ホイルの提唱通り、1950年代の終わりまでに元素表にあるすべての元素が揃う。

1960年代

グレゴリーとモンティ

気球実験により成層圏（地上から40km）で生きた細胞（標準的な培養が可能）を回収。高度が上がるにつれて生物細胞の密度が増加することも発見した（地上から舞い上がっているのではなく、宇宙から生物が入ってきている証拠）。

1961年

G.クラウスとB.ネイギー

炭素質コンドライト隕石から、最初の微生物化石の発見。オルゲイユ隕石（1864年）とイブナ隕石（1938年）から、電気顕微鏡によって細胞壁や鞭毛や各組織によく似た構造（生痕化石と言われる）が観察された。

1960年代

サー・フレッド・ホイル、チャンドラ・ウィクラマシンゲ

宇宙空間に炭素化合物が存在するという「黒鉛粒子理論」を提唱。それまでは、宇宙空間は真空空間に無機物がある状態であるという「氷微粒子理論」が一般的であった。

1970年代

サー・フレッド・ホイル、チャンドラ・ウィクラマシンゲ

「黒鉛粒子理論」を「生物モデル」へと展開。隕石の分析から、宇宙空間には有機化合物（生物起源）が豊富に存在することが証明され始める。

1970年代

ソ連

約30の細胞培養物を高度50～75kmで採取したサンプルから得た。

1980年

サー・フレッド・ホイル、チャンドラ・ウィクラマシンゲ

地球に届く光の分析（分光法）によって、星間雲を構成している星間塵微粒子が凍結乾燥された細菌であるとする「生物モデル」を提唱。1981 年に GC-IR7 の観測により実証。さらにその 5 年後、1986 年のハレー彗星観測でそれを裏付ける結果を得る。このことから宇宙空間に生命がいることが濃厚となる。

1982年

NASA

1969 年、オーストラリアに落下したマーチソン隕石（炭素質コンドライト隕石である）の中から、水と 70 種類くらいのアミノ酸が検出された。このアミノ酸のいくつかは、鏡像体過剰が見られることから宇宙由来と考えられる。

1996年

NASA

ALH84001（火星起源の隕石。南極大陸のアラン・ヒルズで 1984 年 12 月 27 日に採取）の内部に、炭素塩小球体と複雑な有機物を発見。

2000年

NASA

カナダ北西部の湖に落下した隕石から太陽系の誕生期に生成されたと思われる有機物を発見。

2001年

NASA

ALH84001（火星起源の隕石）の内部から原始的な生命によって形成されたとみられる磁鉄鉱の結晶を発見した。

2001年

NASA

1969 年、オーストラリアに落下したマーチソン隕石から抽出した物質に極めて多様な地球外有機物(糖やアルコール化合物など）を発見した。微生物の化石？

2006年

NASA

彗星探査機「スターダスト」が、ヴィルト第 2 彗星の放出した彗星ダストからアミノ酸のグリシンを発見した。

2006年

マハトマ・ガンジー大学のゴドフリー・ルイとサントシ・クマール

2001 年インドのケララ州に「赤い雨」が降った。雨は彗星（地球外）からの細胞状物質（4 ～ 10 ミクロンの球あるいは楕円をした球の形で厚い外皮を持つ）であるとする仮説を発表。

2007年

ESA

乾眠状態のクマムシを人工衛星に載せ、宇宙空間に 10 日間さらしても死なないことを確認。宇宙空間で動物が生存できた初ケース。

2010年

国立天文台などの国際研究チーム

地球上の生命の素材となるアミノ酸が宇宙から飛来したとする説を裏付ける有力な証拠を発見した。

2010年

英国オープン大学

地球の極限環境にあった岩を宇宙空間に553日間、放置したところ、地球に帰還後、その岩にシアノバクテリアの一種であるグロエオカプサが生きた状態で発見された。

2010年

インドバンガロール大学環境科学局

バクテリア、大腸菌を含む多種の微生物が、雨に含まれて空から降っていることを発見した。

2011年

NASA ほか

南極で採集した隕石を含む 12 個の隕石を分析した結果、DNA を構成する塩基である、アデニンとグアニンの２つと、その他にも有機物が発見された。

2012年

チャンドラ・ウィクラマシンゲ

スリランカのポロンナルワにインドのケラーラに降ったものと同様の赤い雨が降った。雨に含まれる細胞壁から宇宙由来と思われるウランを発見した。

2013年

英国シェフィールド大学

上空 25㎞の成層圏で、珪藻（ケイソウ）という単細胞生物などを回収した。

2014年

国立天文台

アミノ酸のグリシンの一歩手前の化合物であるメチルアミンを複数の星間分子雲で発見した。

2014年

ESA

彗星探査機「ロゼッタ」の着陸機「フィラエ」が「地球上の生命の素になる炭素元素を含む有機分子、および大量の酸素」をチュリュモフ･ゲラシメンコ彗星から検出した。

宇宙から降りそそいでいる様々な生物

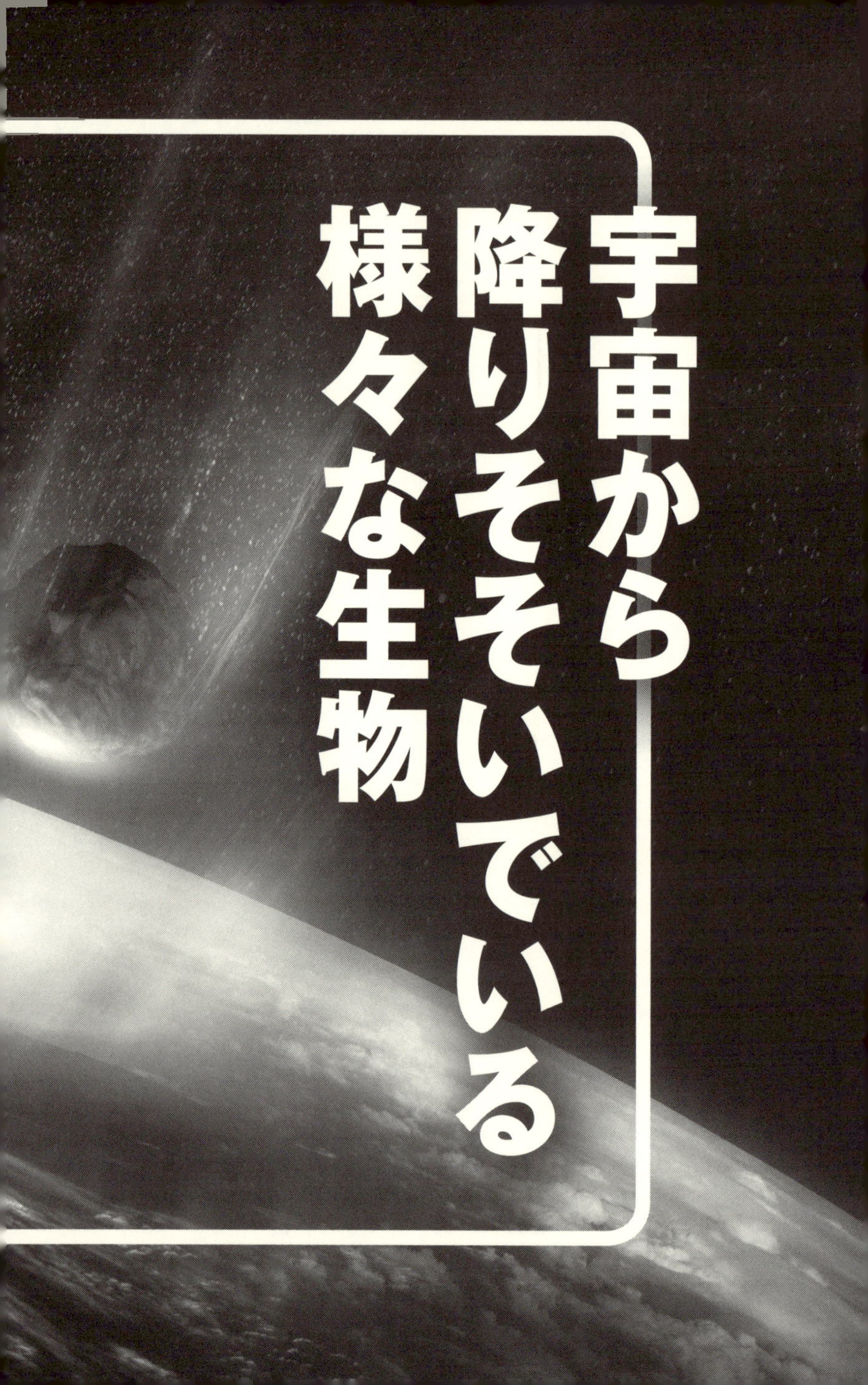

Chapter 5

チャプター5では、ここ100年あまり生命起源論の骨格になっていたダーウィンの進化説にスポットを当て、その矛盾点と、最新のウイルス研究により、地球内にとどまらない進化の鍵について解説していきます。生命が宇宙から来たことを示す、最先端の研究成果です。

生命は物質から生まれるとアリストテレスは言ったが？

ダーウィンの進化説とは？

進化論と言えば、イギリスの自然科学者であるチャールズ・ダーウィンが、「種の起源」（1859年）で提唱した、最も環境に適した者が生存していくという「ダーウィンの進化説」です。ダーウィンが唱えた進化論のキーワードは、「自然淘汰（自然選択）」「性淘汰（性選択）」「生存競争」、そして後に、「突然変異」説などを含んだネオ・ダーウィニズムです。

生物は一般的に　たくさんの子供を産み、同じ種類の個体間で生存競争が繰り広げられます。「突然変異」と呼ばれる遺伝子のコピーミスによって、ある個体が生存に有利な形質を持って生まれた場合、その個体が生き延びて次の子孫を残す確率は高くなります。そして、その子孫が親と同じような生存に有利な形質を受け継いでいたら、この個体が生き延びる確率はこれまた高くなります。するとこの形質を持つ個体の種類が多数派になり、結果的に種全体がこの形質を持つように変化する……このように生存に有利な形質を持つものが生き残っていくことを「自然淘汰」と言います。ちなみにこれを「適者生存」とも言いますが、適者生存を提唱したのは実は、ダーウィンではなくハーバート・スペンサーで

チャールズ・ダーウイン（Charles Darwin）

す。また、「性淘汰」とは、生き物が子孫を残すためにはチョメチョメ（交尾）が必要ですが、相手に選ばれないとチョメチョメできないため、相手に選ばれるような形質（それが生存に有利かどうかは別として）を持つ雄雌が、生き延びることを言います。

わかりやすい例だと、クジャクの雄の羽の立派さや模様のきれいさ、ライオンのたてがみの立派さ、ホタルの発光の明るさ、シカの角の大きさ、鳥のさえずりの素敵さなどがあります。見た目などが優れた雄雌が、相手に選ばれて残っていく感じですね（「優れている」というのは、人間から見た勝手な視点ですが……）。人間同様、モテ、非モテがあるのでしょうか。

自然淘汰では説明しきれない

ダーウィン進化説の矛盾点

生物が進化しているのは間違いないとは思うのですが、「自然淘汰」「性淘汰」とコピーミスによる遺伝子の「突然変異」が生物の進化、すなわち多様性をもたらしたという説明では、つじつまが合わないことが多々出てきます。いくつかその矛盾点をご紹介します。

①カンブリア爆発を説明できない

自然淘汰と選択による進化は一定速度でものすごくゆっくりと進むはずです。すると、前出の「カンブリア爆発（68ページ参照）」を説明できません。

②遺伝子のコピーミスの繰り返しで種が優れていくのか？

「突然変異」という遺伝子のコピーミスによって親と違った子供が誕生することになっていますが、コピーミスを繰り返した結果、優れたものに進化するという考えは、実際の突然変異が圧倒的に不利な形質を発現することが多いのを考えると、かなり不自然な気がします。

③生き残りの基準が不明確

明らかに生存競争に不必要な機能がそのまま体に残されていたりするケースがあり（巨大化したシカの角など）、必ずしも生存に有利な形質が選択され今に残っているわけではありません。よく言われるのが、ビタミンCです。ビタミンCは生物にとって生命維持に必要不可欠なビタミンですが、我々人間はこのビタミンCを体内で生成することができません。進化の最終形とされている人間がビタミンC生成能力を失ったのはなぜなのでしょうか。芸術の才能も生存に有利とはなりませんが選択されています。

④中間化石が見つかっていない

魚と両生類、爬虫類と鳥類あるいは哺乳類などの古い種と新しい種とを結ぶ中間段階の化石は、実は見つかっていません。種の新しい形質についての情報（化石等）は、突然降って湧いたように登場しているものが多いそうです。

⑤長期間ほぼ進化してない生き物がいる

「生きた化石」と呼ばれるシーラカンスや、オウムガイやタコをはじめ、何億年以上もの間、ほとんど進化していない生物がたくさんいることを説明できません。

ダーウィンの進化説、ツッコミどころ満載ですね。サー・フレッド・ホイル博士は、今のようにこれだけ多くの種が存在するためには、地球を閉鎖された空間ではなく、宇宙から生命（胚珠や受精卵や遺伝子など）が入ってこられるような開放された空間と考えることが必要だと、唱えています。

ええ、ええ、まさに彗星パンスペルミア説の世界観ですね。

善玉ウイルスだっている

「ウイルス進化論」のウイルスとは？ 誤解されているウイルス

以上のダーウィンの進化説の矛盾点を補完するかのような説が、これから説明する「ウイルス進化論」です。ウイルスというと、インフルエンザウイルスやエイズウイルスなど、「THE病原体！」というイメージがあると思います。ところがどっこい最近の研究では、ウイルスは単に病気をもたらす存在ではなく、生物が生きるためにたいへん重要な役割を果たしている（た）ことがわかっています。地球上にはウイルスが100億種類ほどいるのではと推測されていますが、我々が把握できているウイルスはそのうちのたった数千種ほどで、しかも「悪玉ウイルス」研究ばかりにスポットライトが当たってきたため、偏見が広まってしまっています。「善玉ウイルス」の一例としては、胎児を母親の免疫細胞による攻撃から守るのを助けるウイルスが発見されています。胎児は母体にとっては「異物」のため、本来なら母体の免疫細胞が攻撃をしてしまうのですが、それを防御する膜の成分であるタンパク質の一種を作るのに寄与するウイルスがいるのです。このウイルスがいなければ、あなたも私も自分のおっかさんの免疫細胞にやられています。

地球上に存在するウイルスは 100億種類

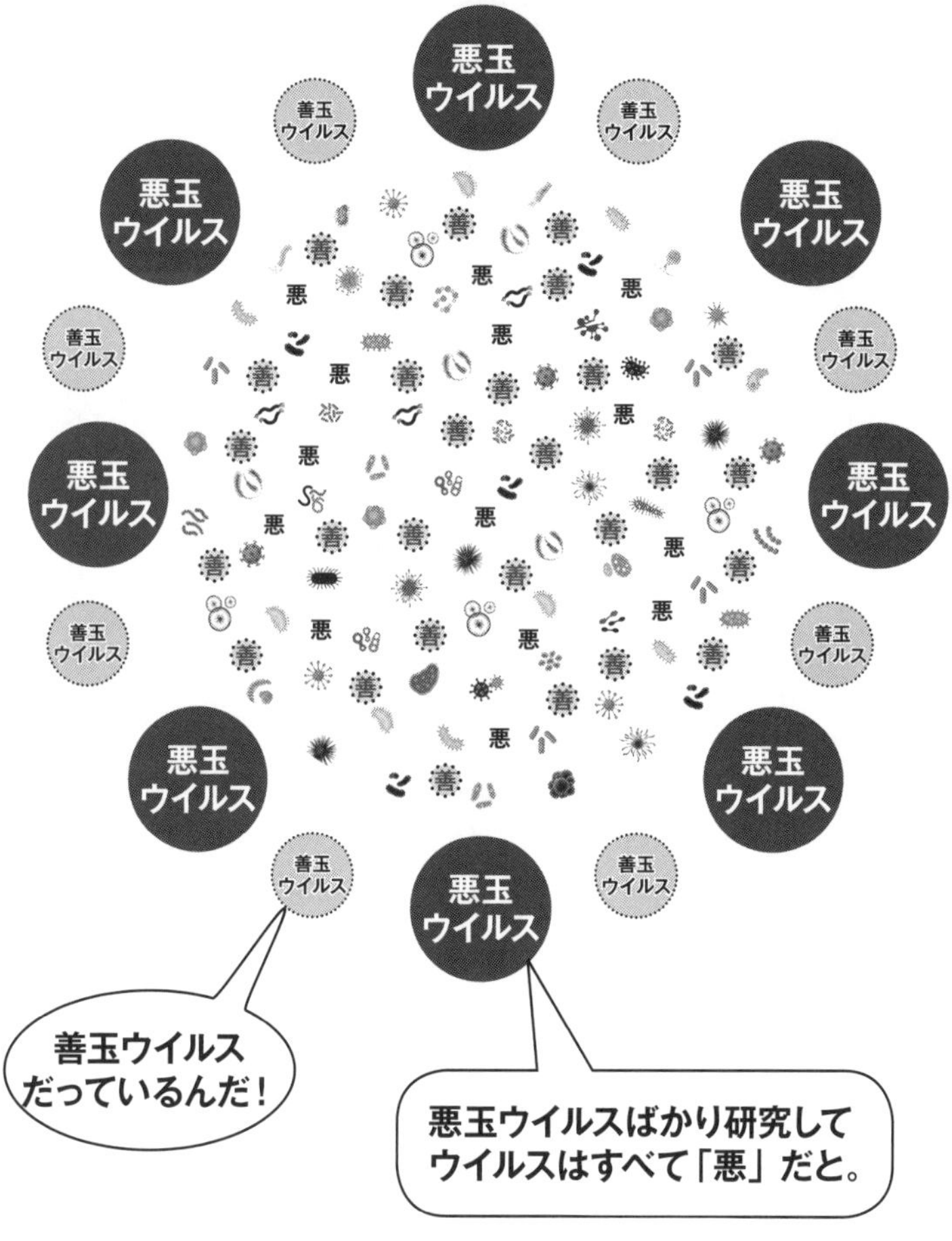

ウイルス進化論とは?

①ウイルス進化論のポイント

悪者扱いされていたウイルスが実は悪者ではなく、生物の進化に寄与していた! というのが「ウイルス進化論」です。ウイルス進化論のポイントは次の二つです。

①突然変異はウイルスの遺伝子組み換え&挿入によるもの

遺伝子の突然変異は、単なるコピーミスだけではなく、ウイルスが生物に感染したときにその生物の遺伝子を組み換えたり、ウイルス自身の遺伝子を挿入したりして起こると考えられています。専門用語を使うとこれを「内在化」と言います。ちなみに、ヒトゲノムという人間の全DNAを解析した結果、46%が「ウイルス由来」のDNAであったことからも明白です。

②進化はウイルス感染による水平×遺伝という垂直の広がりによるもの

①のようなウイルスの感染による変化は、水平的に一気に広がるとともに、遺伝によって次世代にも引き継がれるため垂直的にも広がります。これならエルドリッジとグールドが唱えた「断続平衡」*も説明がつきます。

この考えを今から30年以上も前に提唱していたのが、サー・フレッド・ホイル博士で

ヒトゲノムの構成要素

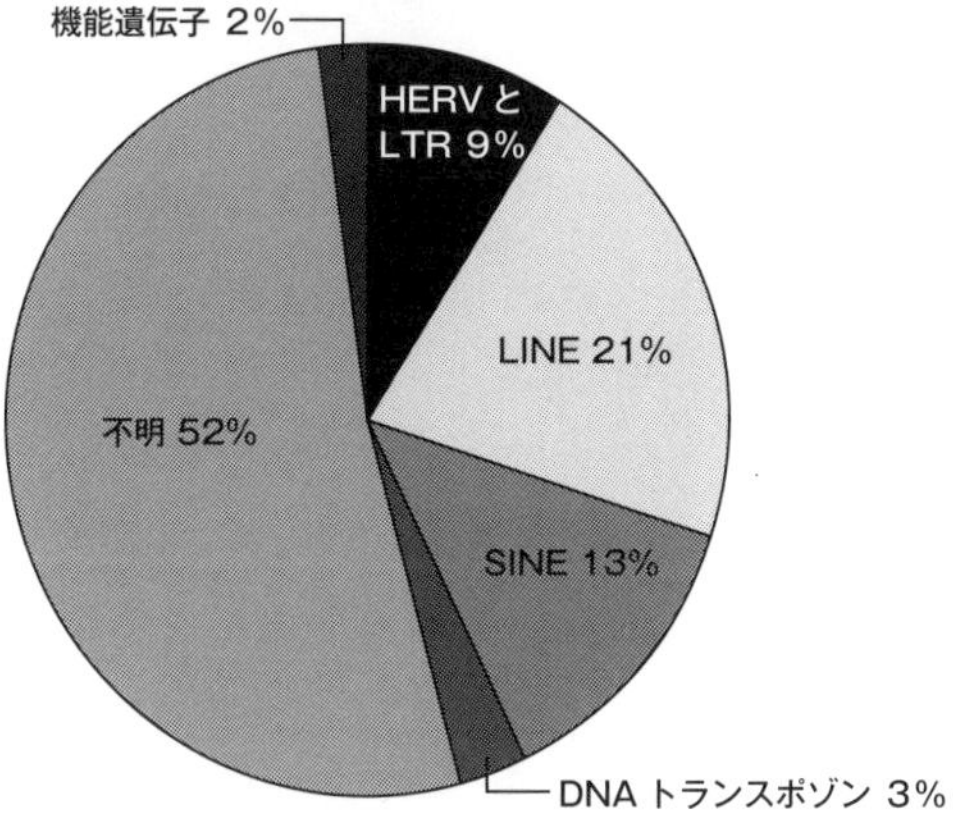

HERV、LTR、LINE、SINE、DNA トランスポゾンは、過去に感染したウイルスの名残。つまり、ヒトの遺伝子は多大にウイルスの影響を受けている。

す。博士がこの説を提唱した当時、他の研究者たちからは「そんなことはありえない！　アホか！」と、かなりの塩対応をされたそうです。しかし、ヒトゲノムの解析やウイルス研究が進み、増殖に成功したウイルスが宿主細胞から抜け出す際に、宿主細胞の遺伝子の一部を自分の遺伝子と一緒に持ち出したり、自分の遺伝子の一部を宿主細胞の中に残したりすることができます。ウイルスならば宿主がそれまで持っていなかったまったく新しい遺伝子を導入して、生物の進化を促せるかもしれないという仮説が唱えられるようになりました。

＊生物の種が徐々に進化するのでなく、急激に変化する期間とほとんど変化しない静止期間を持っていて、小さな集団が突発的に変化することで形態的な大規模な変化が起きるとする説。

②ウイルスによる進化の仕組み

では、ウイルスがどのように進化に関わっているのかをなるべく専門用語を用いずに、ふわっと説明していきましょう。

①昔々その辺の単細胞生物に、あるウイルスが感染。

⬅

②ウイルスの遺伝情報がその単細胞生物の生殖細胞のＤＮＡに挿入されたり、持ち出されたりすることによってＤＮＡの突然の変化が起こる。

⬅

③元々の単細胞生物とは違うＡという形質を持った生物が一斉に生じる（水平的な進化）。

⬅

④この形質が生殖によって、次世代に受け継がれていく（垂直的な進化）。

⬅

⑤こういったことが突然起こり、生物の種類は、植物、魚類、両生類、爬虫類、鳥類、哺乳類というようにどんどん増えていく（分化していく）。

⬅

⑥人間のように言葉を操ることができるよう

進化の過程でウイルスが関与している

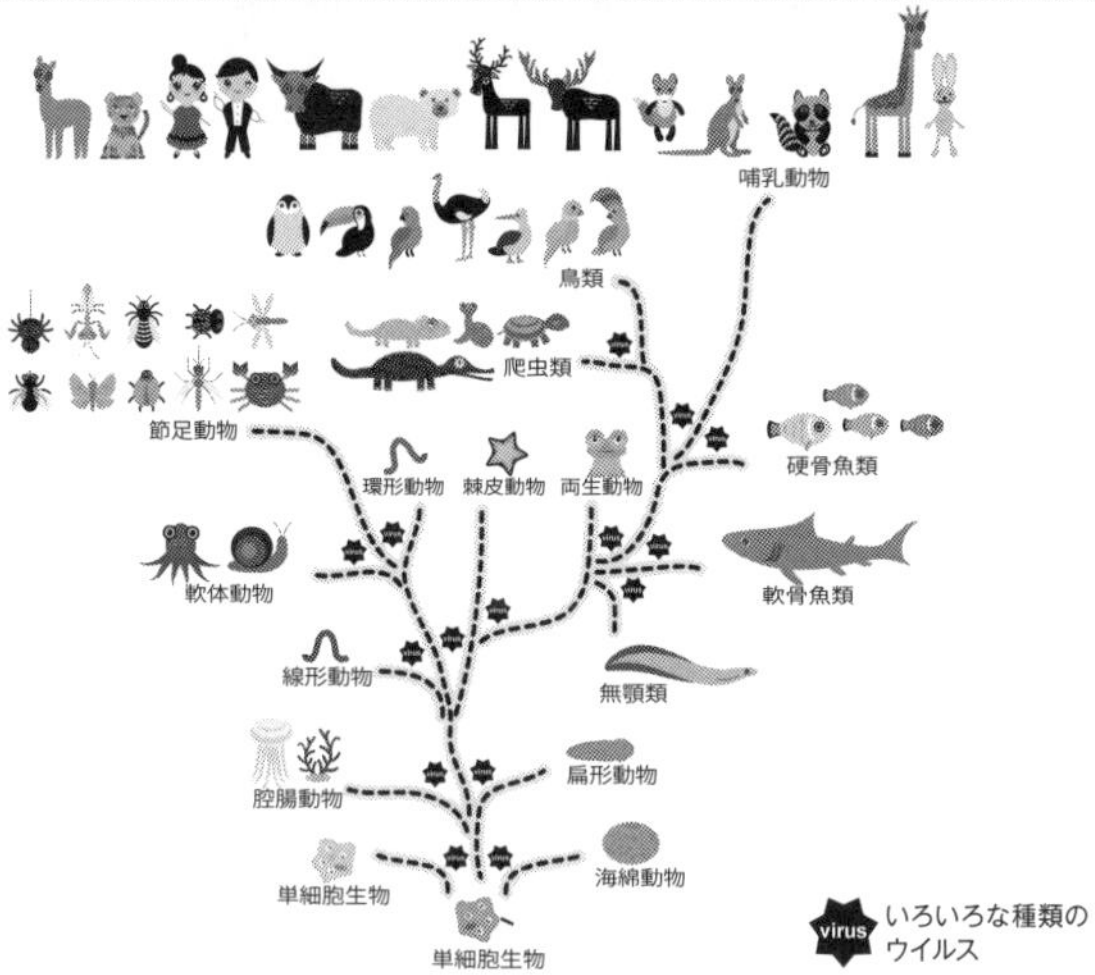

な知的生物も生まれる。

Aという形質は光合成をするとか、羽が生えるとか、目ができるとか、言葉が話せるとかもう何でもかんでもです。私はこのウイルス進化論の話を聞いたときスマホのアプリをイメージしました。植物は光合成ができるアプリを入れていて、鳥は空を飛べる羽が生えるアプリを、人間は道具や言語を操れるアプリを入れている……といった感じです。インストールできるアプリ（ウイルス）はたくさんあり、その組み合わせは無限大と言っても過言ではありません。これなら生物の種の多様性についても、何となくイメージができませんか？

言葉を話すことに関連する？

ヒト《ホモ・サピエンス》と動物を分けたのはＦＯＸＰ２遺伝子だった!?

人間（ホモ・サピエンス）と他の動物を分けたのは、「言葉」と言われています。言葉を明瞭に話せるようになるとコミュニケーション能力が発達し、さらに脳の発達が促され、想像力のようなものも生まれてきます。この言語能力の発達には「ＦＯＸＰ２」という遺伝子が深く関連していることが明らかになっています。ＦＯＸＰ２遺伝子は言語障害のある一族を調査した際に異常の見られる遺伝子として発見され、研究が進められてきたのですが、このＦＯＸＰ２遺伝子は人間にだけあるのかと思いきや、人間以外の鳥類、チンパンジー、クジラなどの動物も持っていることもわかってきました。ＦＯＸＰ２遺伝子を持っているからといって、言語を話せるわけではないということから、ＦＯＸＰ２遺伝子が、言葉を話すために必要な他の遺伝子の働きをＯＮ／ＯＦＦするスイッチの役割を果たしているのではないか、あるいは他の遺伝子が必要ではないかなど、謎の解明のため研究が進められています。

　また、ＯＮ／ＯＦＦと言えば……ちょっと話はそれますが、近年、「エピジェネティクス」という、同じＤＮＡの塩基配列を持っていて

ヒトだけにあるFOXP2遺伝子

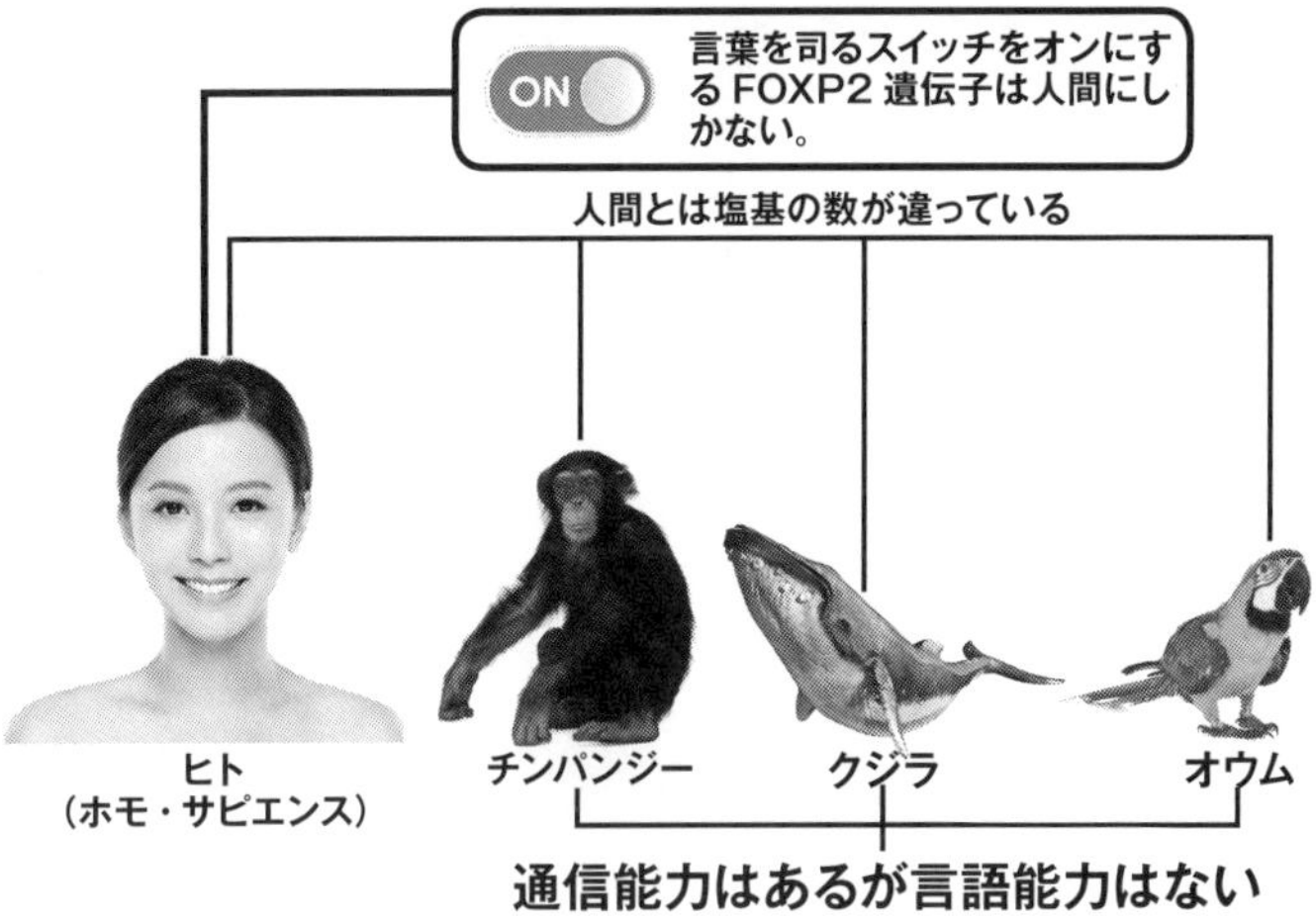
ON
言葉を司るスイッチをオンにするFOXP2遺伝子は人間にしかない。
人間とは塩基の数が違っている
ヒト
（ホモ・サピエンス）
チンパンジー
クジラ
オウム
通信能力はあるが言語能力はない

も、その特徴（形質）が出たり出なかったりする現象も進化の推進力なのではないかという議論が盛り上がっています。例を挙げると、同じ遺伝子を持つ一卵性の双子でも、片方は病気になったり、ならなかったりするような感じです。

さらに、遺伝子が同じであれば指紋も性格も同じであっていいはずなのに、異なりますし、年齢が高くなればなるほど顔つきなどの外見も違ってきます。

この差は、ＤＮＡの塩基配列そのものではなくＤＮＡが巻き付いているヒストンという物質による作用やメチル化と呼ばれるＤＮＡを不活性化する働きによるものが大きいのではないかと言われています。

地球上の生物は2分類できる

「欲型」「非欲型」？

我々は生物をたくさんの種類に分類していますが、実は分類はたったの2種類でいいのではないかという説があります。この地球上に何百万も何千万種類もいる生物を読者の皆さんならどう2つに分けますか？　植物と動物？　単細胞生物と多細胞生物？　それはそれで一つの答えかもしれませんが、「エネルギーの消費の仕方」という観点から、生物を分類します。すると次のように分けられます。

①生命維持に必要なだけのエネルギーを使う生物

②生命維持に必要なこと以上のエネルギーを使う生物

そしてこれは生物が、①ホモ・サピエンス以外（ちょうどよい型）と②ホモ・サピエンス（もっともっと型）の2つに分類されるということを意味します。

ええ、ええ、これはエネルギーの消費の仕方というか、「欲」という視点に置き換えてもいいかもしれません。「欲」が有限なのが「ちょうどよい型」で、欲が無限なのが「もっともっと型」です。成人した人間（ホモ・サピ

地球生物の2分類

	ちょうどよい型の生物	もっともっと型の生物
種類	人間以外の生物	人間
欲	生命維持ができる時点を超えたら、無欲。	生命維持以上に、際限なく欲がある。
エネルギー消費	基礎代謝量 生存に必要なエネルギーしか使わない。	基礎代謝量以上のエネルギーを使う。先進国では成人の必要エネルギー（2,000 キロカロリー）の 25 倍の約 5 万キロカロリーを 1 日で消費する。
言うなれば	地球の寿命（後 50 億年）ギリギリまで、地球の資源を使ってゆっくり増殖する使命。	地球の寿命以前に地球の資源（埋蔵分も）を使い尽くしてスピード増殖する使命。地球のような資源の少ない惑星にとって破滅的、破壊的存在とも言える。

エンス）一人が肉体として生き延びるために1日に必要なエネルギーは、平均2000キロカロリー（基礎代謝）ですが、現在人間は1日に約5万キロカロリーものエネルギーを一人で消費しています（世界平均）。生存に必要なエネルギーの約25倍ものエネルギーを毎日使って生きているのです。

先進国に限っては25倍どころか、100倍以上とも言われています。ちなみにホモ・サピエンスとは「賢い人」を意味します。自分に賢い人って名前を付けちゃう人間って恥ずかしいですね。そんな人間がちょうどよい型になるためには、素っ裸で電灯もない洞穴などで暮らし、車にも乗らず、スマホもパソコンも捨てなければなりません。

番外編①
インフルエンザのウイルスは宇宙から降ってきている

インフルエンザは人から人へと感染することで流行が広がるとされているのに、桜前線のように一定方向へ徐々に広がっていくのではなく、各地で同時多発的に流行します。不思議だと思いませんか?

そんなことを言うと「飛行機や新幹線のような交通機関の発達で、ウイルスが人にくっついて遠くまで運ばれているのでは?」と反論されそうですが、ボストンやニューヨークといった大都会と、まったく人の行き来のない場所（犬ぞりで移動に数日かかるアラスカの奥地）で、インフルエンザが同時発生していたという事例も知られており、人から人への感染だけでは説明がつかないことがたくさんあります。

サー・フレッド・ホイル博士&チャンドラ・ウィクラマシンゲ博士によると、このインフルエンザウイルスを始めとした複数の病原体が、宇宙から地球に侵入した後、対流に乗って雨の核となり、雨として地上に降り注ぐことで地球上の複数の場所で一斉に流行が起こるとのことです。

人から人への感染を水平感染と言いますが、天から降ってくるウイルスによっての感

地球大気の流れ

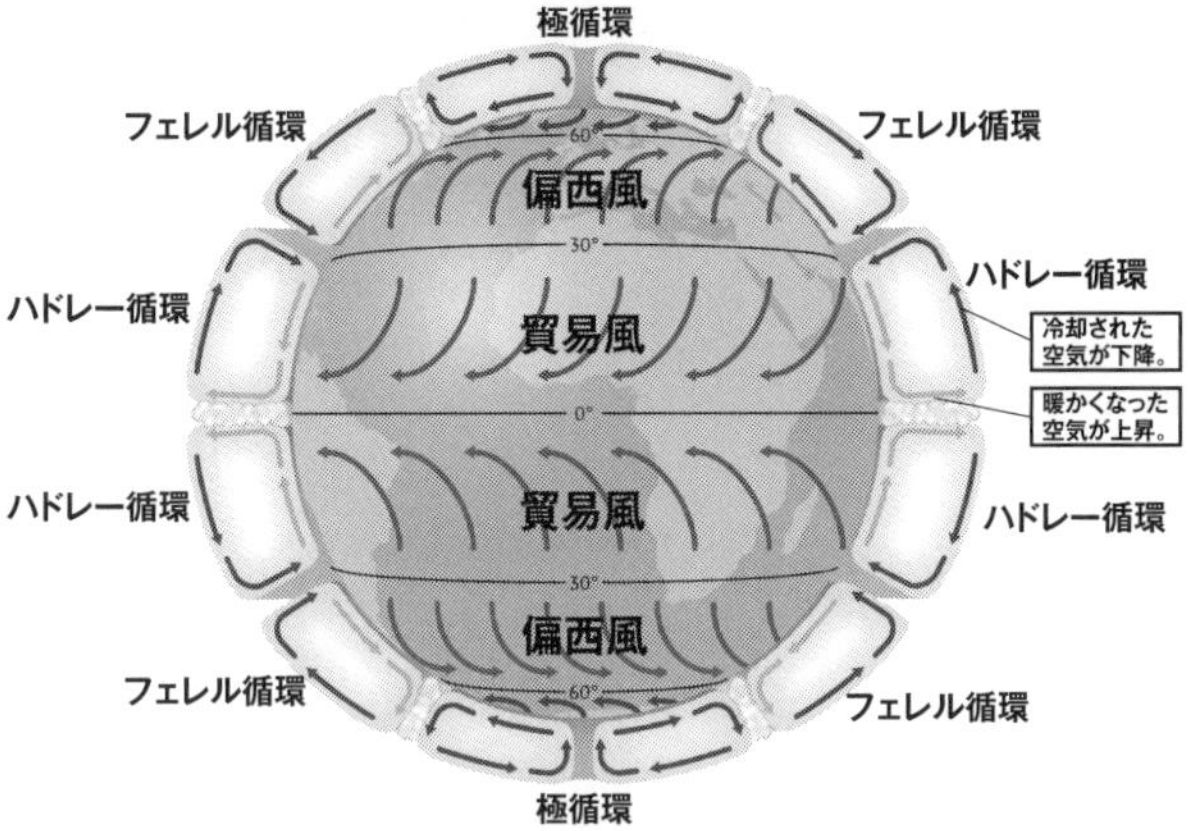

地球の大気の流れに乗って、宇宙からのやってくるウイルスは思いも寄らない場所に落ちて、感染者を増やしていく。

染は降天感染とでもいいましょうか。

　驚いたことに、インフルエンザウイルスを運んでいると考えられる対流の動きと、北半球・南半球・赤道下のエリアでのインフルエンザの流行（感染者数）の季節性データが見事に合致していたそうなのです。ちなみに、なんと毎日約100キログラムものウイルスや微生物が、宇宙から地球上に降り注いでいると推定されています。

　ええ、ええ、口開けてボケッとする癖のある方は、今日から雨や雪の日は気を付けたいものですね。

　次世代に向けて、遺伝子を変えたい方にはおすすめです。

番外編②

世界各地で目撃される「赤い雨」の正体は!?

赤い雨といえば、人気漫画「キン肉マン」に出てくるブロッケンJrの必殺技、ベルリンの赤い雨ですが（古い?·）、2001年にインドのケーララ州という地域でなんと2カ月間に渡って真っ赤な雨が降り続け、住民を驚かせました。本当に真っ赤で、まさに血のような雨だったそうです。

また、2012年11月にもスリランカで赤い雨が降り、その滴を分析したところ、中から分裂を繰り返す細胞のような微粒子が発見されました。

日本で赤い雨なんか降ったら、インスタグラムが真っ赤になりツイッターも「#赤い雨」だらけの大パニックになると思いますが、インドもスリランカも、かなり大騒ぎとなったことでしょう。

がしかし、実はこの赤い雨、珍しい現象ではあるのですが、古くから世界各地で目撃されているそうです。この赤い雨の正体は一体何なのか?·研究の続報を待つばかりです。

※詳細を知りたい方には、『彗星パンスペルミア 生命の源を宇宙に探す』、『宇宙を旅する生命 フレッド・ホイルと歩んだ40年』チャンドラ・ウィックラマシンゲ著（恒星社厚生閣）·『スリランカの赤い雨 生命は宇宙から飛来するか』松井 孝典著（角川学芸出版）をおすすめいたします。

風光明媚なインド・ケララ州のジャングルにあるアティラピーの滝。このケララ州に２カ月もの間だ赤い雨が降り続いた。

番外編③

タコは宇宙からやって来た!?

2018年2月、タコが宇宙からやって来た証拠がタコのゲノム解読（2015年）で明らかになったという研究結果をタコだけに多国籍（つまらないダジャレ）な研究者グループが発表し、話題を呼んでいます。その論*文は発表から4カ月で18万回以上もダウンロードされた注目されっぷりです。論文には次のようなことが書かれています。

①生命は宇宙からやってきた。

②ウイルスは彗星に乗って地球にDNAを運んで来た。

③タコは約2億7000万年前に凍結乾燥した受精卵の形で宇宙から地球に降ってきた。

生物の遺伝子には生物の進化の秘密が隠されているのですが、タコのゲノムの完全解読によって、タコが宇宙から受精卵の形で落下してきたとしか考えられないということが明らかになったそうです。

地球上の全生き物は地球の原始スープと呼ばれる化学物質がいっぱいの海か沼などで誕生したのではなく、宇宙からちっちゃな生命の粒としてやって来て繁栄したとするパンス

タコのすごい能力

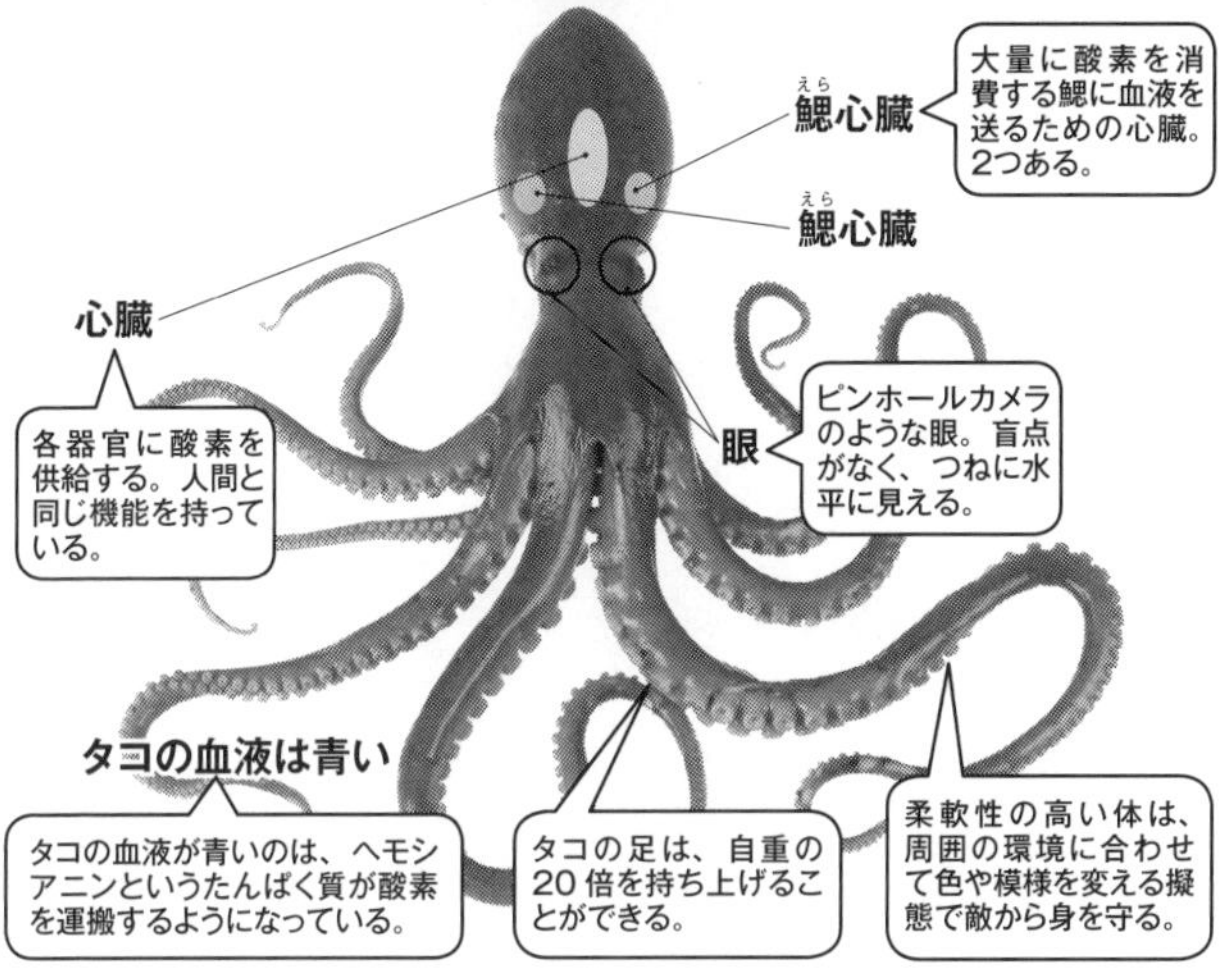
鰓《えら》心臓
大量に酸素を消費する鰓に血液を送るための心臓。2つある。
鰓《えら》心臓
心臓
各器官に酸素を供給する。人間と同じ機能を持っている。
眼
ピンホールカメラのような眼。盲点がなく、つねに水平に見える。
タコの血液は青い
タコの血液が青いのは、ヘモシアニンというたんぱく質が酸素を運搬するようになっている。
タコの足は、自重の20倍を持ち上げることができる。
柔軟性の高い体は、周囲の環境に合わせて色や模様を変える擬態で敵から身を守る。

ペルミア説をタコのゲノム解読が後押しする形になったのです。タコには次のようなすごい特徴があります。

●他の無脊椎動物と比べてズバ抜けた洗練された神経系が存在（＝8本の足に神経細胞の約7割が集まっている）
●ピンホールカメラのような仕組みの眼を持つ（焦点が合う、盲点がない、常に水平に見える）
●柔軟性の高い身体構造で体の表面の模様を周囲に合わせ擬態することができる

驚くべきはこのようなタコが進化の歴史の中で突如出現しているという点です。タコは突然宇宙からやってきたのかもしれません。

＊Cause of Cambrian Explosion-Terrestrial or Cosmic?『Progress in Biophysics and Molecular Biology』(2018)

おわりに

ホモ・サピエンスは小さな存在だが意味のない存在ではない

「生命の起源は宇宙にあり、地球に生命をもたらしたのは彗星である&生き物の進化はウイルスによる!」という現在の常識からするとちょっと飛んでる内容でしたが、いかがでしたか?楽しんでいただけましたか?

本書の目的は、地球上の生命は宇宙からやってきたということを主張することにあります。普段あまり縁のないアストロバイオロジー(宇宙生物学)の世界に触れてもらい、さらに彗星パンスペルミア説やウイルス進化論について広く知ってもらうというものでした。

かなり壮大なテーマでしたが、ゆるく、ふわっと楽しんでいただけたら本望です。

普段、何か壁にぶち当たったり、ストレスで潰れてしまいそうになったときには、このアストロバイオロジーに限らず、何か壮大なテーマについて思いを巡らせてみることをおすすめします。

ええ、ええ、全てが小さなどうでもいいことに思えて、気持ちが少し楽になると思います。私自身、この本の執筆中に視野がグンと広がり、いや、広がるというか、地べたから空を見上げるのではなく、宇宙から地球を見られるような高過ぎる視座に近付くことができるようになりました。

いわゆる、「俯瞰する」というやつですね。俯瞰すると、何もかもがどうでもいいちっぽけな話に見えてきます。

最近では、「宇宙自体」がこの世に無限に存在することが明らかになってきております。そう、我々はいくつもあるであろう、広大な宇宙の中の超ちっぽけな存在ではありますが、無駄な存在というものは一つもありません。生を受けこうしてのほほんとでも存在しているということは、それぞれに何か果たす

べき宇宙使命があるものとも思われます。寿命をまっとうするまでに、自身の本当の宇宙使命を明らかにして、なるべく成就させたいものですね。有史以来、たくさんの哲学者や宗教家、はたまた学者たちが、

「人間はいかに生きるべきか？」

について語ってきましたが、その問いに対する明確な答えはいまだありません。私は見つけてしまいましたが、敢えてここに書くことはしません。ええ、ええ、簡単に書いてしまったら、つまらないではないですか。まだ答えを見つけられていない方！　そろそろ見つかるといいですね。『利己的な遺伝子』のリチャード・ドーキンス博士によると、我々生き物の使命はDNAのコピーだそうなので、開き直ってコピーに没頭するのもアリです。

また、「もっともっと！」と欲まみれの人間というあり方か

ら離れて俯瞰するためには、「足るを知る」という姿勢や「すべて借り物」という考え方もとても大事かもしれません。……よく考えたら、自分のカラダの構成要素も、大地というか宇宙からの借り物です。死んだら土に還るわけですので……自分の所有物なんて一つもないのです。

ＹｏｕもＭｅも、その場その場でいろいろと借りて見繕いながら、宇宙を旅しているただの旅人のようなものです。今は「地球ホテル」に宿泊中の身。きれいな状態で部屋を後にするのも、旅人としてのエチケットだと思います。

というわけで、最後までお付き合いくださり、ありがとうございました。

いけのり

原案者　あとがき

「我々がどこから来たのか？　何者か？　どこに行くのか？」というあの有名な画家ゴーギャンの問いに、この20年間の分子生物学の成果（ヒトゲノムの完全解読）と、宇宙物理学の成果（宇宙には地球のような惑星はほぼ無限にある）により、ようやく科学的に答えることができそうです。その答え（我々は宇宙由来のウイルス）によって、〝人間中心主義〟は完全にその土台が崩壊します。

地球上の生命は、2つのグループに分けることができますが、その違いはエネルギーに対する欲です。優劣の問題ではありません。人間が素直にこの認識に至るには、まだまだ時間がかかります。コペルニクスが〝天動説〟を否定し〝地動説〟を確立して以来、人類は自らの幻想によって作り上げた頂点から、一直線に下っています。サー・フレッド・ホイル博士とチャンドラ・ウィックラマシンゲ博士の〝彗星パンスペルミア説〟によって人類はようやく自分の優位を否定する勇気が持てるようになることが期待されます。

所 源亮

パンスペルミア推進プロジェクトメンバー

原案者、ゼネラルプロデューサー　**所 源亮**（ところ　げんすけ）
一橋大学経済学部卒業。世界最大の種子会社パイオニア・ハイブレッド・インターナショナル社（米国）を経て、ゲン・コーポレーションを設立。一橋大学イノベーション研究センター特任教授。一般社団法人ISPA（宇宙生命・宇宙経済研究所）理事、スリランカ国立ルフナ大学客員教授。京都バイオファーマ製薬株式会社およびＧＣＡＴ株式会社代表取締役。

永久顧問　**Sir Fred Hoyle**（サー・フレッド・ホイル）

イギリスウェスト・ヨークシャー州ブラッドフォード出身の天文学者・数学者。ＳＦ小説作家。カリフォルニア工科大学客員教授を経て、カーディフ大学教授。定常宇宙論、宇宙の元素合成理論、トリプルアルファ反応、彗星パンスペルミア説など、数々の理論を提唱。ビックバンの名付け親としても有名。

最高顧問　**Chandra Wickramasinghe**（チャンドラ・ウィクラマシンゲ）

スリランカ生まれの物理学者、数学者。コロンボ大学、ケンブリッジ大学卒。サー・フレッド・ホイル博士の共同研究者。「彗星パンスペルミア説」、「ウイルス進化論」等の新説を打ち立て、アストロバイオロジー（宇宙生物学）の進展に大きく寄与。

最高顧問　**松井 孝典**（まつい　たかふみ）

理学博士（東京大学大学院理学系研究所）。東京大学理学部卒業、東京大学名誉教授。日本におけるアストロバイオロジーの第一人者。海の誕生を解明した「水惑星の理論」などで世界的に知られる。千葉工業大学・惑星探査研究センター所長。一般社団法人ISPA理事長。

マネージングディレクター　**いけのり**

『YOUもMeも宇宙人』著者。一橋大学商学部卒業。独り言サイト「いけのり通信」の更新がライフワークのオールジャンル作家。

参考文献

『彗星パンスペルミア　生命の源を宇宙に探す』チャンドラ・ウィックラマシンゲ（恒星社厚生閣）

『Astroeconomics（Paper Presented at the 22nd Inter Pacific Bar Association Conference, New Delhi, 2012)』所 源亮

『Vindication of Cosmic Biology, Chapter2』所 源亮

『宇宙経済学（E＝M）入門　現在と未来を貫く「いのちの原理」』所 源亮・チャンドラ・ウィックラマシンゲ（地湧社）

『生命（DNA）は宇宙を流れる（Natura - eye science)』フレッド・ホイル、チャンドラ・ウィックラマシンゲ（徳間書店）

『生命・DNAは宇宙からやって来た（5次元文庫マージナル）』フレッド・ホイル、チャンドラ・ウィックラマシンゲ（徳間書店）

『生命はどこから来たのか？ アストロバイオロジー入門（文春新書 930）』松井 孝典（文藝春秋）

『われわれはどこへ行くのか？』松井 孝典（ちくまプリマー新書）

『スリランカの赤い雨 生命は宇宙から飛来するか』松井 孝典（角川学芸出版）

『生命—この宇宙なるもの』フランシス・クリック（新思索社）

『地球外生命は存在する！　宇宙と生命誕生の謎』縣 秀彦（幻冬舎新書）

『生命科学』東京大学生命科学教科書編集委員会（羊土社）

『生物を科学する事典』市石 博・早崎 博之他（東京堂出版）
『極限環境の生き物たち』大島 泰郎（技術評論社）
『Newton 生命誕生の謎』科学雑誌 Newton（株式会社ニュートンプレス）
『地球外生命体―宇宙と生命誕生の謎に迫る―』縣 秀彦（幻冬舎エデュケーション新書）
『宇宙生物学で読み解く「人体」の不思議（講談社現代新書）』吉田 たかよし（講談社）
『パラレルワールド 11次元の宇宙から超空間へ』ミチオ カク（NHK出版）
『遺伝子の川（サイエンス・マスターズ）』リチャード・ドーキンス（草思社）
『利己的な遺伝子』リチャード・ドーキンス（紀伊國屋書店）
『宇宙入門』マット・ウィード（創元社）
『14歳のための宇宙授業 相対論と量子論のはなし』佐治 晴夫（春秋社）
『偶然と必然―現代生物学の思想的問いかけ』ジャック・モノー（みすず書房）
『サピエンス全史（上下）文明の構造と人類の幸福』ユヴァル・ノア・ハラリ（河出書房新社）
『大人のための図鑑 地球・生命の大進化 46億年の物語』田近 英一（新星出版社）
『宇宙の秘密がわかる本』宇宙科学研究倶楽部（学研プラス）
『生命38億年の秘密がわかる本』地球科学研究倶楽部（学研プラス）
『破壊する創造者　ウイルスがヒトを進化させた』フランク・ライアン（早川書房）
『Progress in Biophysics and Molecular Biology" (2018),-Cause of Cambrian Explosion-Terrestrial or Cosmic?』

いけのり
秋田県出身。一橋大学商学部卒業後、金融会社を経て楽天市場株式会社へ。その後独立し、2013年株式会社青山ストーンラボを立ち上げ、占い業・執筆・編集業をメインに活動中。趣味は自らのサイト「いけのり通信」https://ikenori.com/ の更新。

超入門《ちょうにゅうもん》　生命起源《せいめいきげん》の謎《なぞ》

発行日——— 2018年12月25日　初版発行

著者——— いけのり　ⓒ Ikenori 2018
監修——— 松井孝典
原案——— 所源亮
発行人——— 増田圭一郎
発行所——— 株式会社地湧《ちゆう》社
〒107-0061 東京都港区北青山1-5-12
電話 03-3258-1251
郵便振替 00120-5-36341
http://jiyusha.co.jp/top/
製作協力——— やなぎ出版
印刷製本——— 中央精版印刷株式会社

ISBN978-4-88503-253-0 C0040